'만화인 듯 만화 아닌'
만화 같은
미적분
Calculus

• 지음 오카베 츠네하루 • 옮김 김병학

불법복사는 지적재산을 훔치는 범죄행위입니다.

저작권법 제136조(권리의 침해죄)에 따라 위반자는 5년 이하의 징역 또는
5천만원 이하의 벌금에 처하거나 이를 병과할 수 있습니다.

KM 경문사

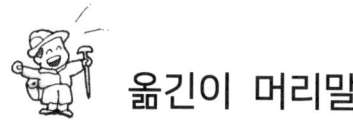 옮긴이 머리말

고등학교 수학 시간에 미적분을 배운 적이 있지만 재미있었던 기억과 골치 아팠던 기억이 교차할 것이다.

그러나 정보화와 과학화가 놀라운 속도로 진행되고 있는 요즘 응용과학에서 미적분만큼 널리 중요하게 쓰이는 수학적 도구도 없을 것이며, 이는 곧 미적분학의 이해 없이는 현대의 과학기술문명을 올바르게 이해하거나 활용할 수 없다는 뜻일 것이다. 이와 관련하여 유명한 수학자이며 게임이론 및 전자계산기의 설계운용에도 관여한 폰 노이만(J. Von Neuman, 1903-1957)은 미적분학은 현대수학 중 최고의 걸작이며 그 중요성을 평가한다는 것은 쉬운 일이 아니라며 기초적인 미적분의 이해가 필수적임을 역설하였다.

이렇게 중요한 미적분학에 대하여 역사적으로 보면 미분보다 적분이 먼저 발달되었다고 할 수 있다. 적분은 넓이나 부피, 호의 길이 등을 구하는 것과 관련되어 아르키메데스(Archimedes, 287-212 B.C.) 시대부터 시작되었다고 하며, 미분은 곡선의 접선과 함수의 최대, 최소에 관한 문제로 시작되어 뉴턴(I. Newton, 1642-1727)과 라이프니츠(G.W. Leibniz, 1646-1716) 시대부터 시작되었다고 한다.

이러한 미분법과 적분법에 관한 학문, 즉 미적분학(Calculus)은 이제 대학의 교양과목으로서 필수적인 위치에 있으며, 이것은 사회와 자연의 현상을 수식화하고 그것을 수학적 해법으로 풀고 그 결과를 각각의 영역에 맞춰 해석하는 과정을 이해하고 응용하기 위하여 필수적으로 알아야 할 분야이다.

이러한 관점에서 이 책은 미적분학을 이론적이기보다는 직관적으로 이해할 수 있도록 그림으로 설명하였다. 또 미적분학은 기계적인 계산이라는 많은 사람들의 인식을 바꾸고 그래프를 중심으로 한 도형의 학문이라는 점을 강조하고자 우리 생활에서 늘 접할 수 있는 많은 자연현상과 관련지어 친절하게 해설하였다. 따라서 이 책은 미적분학을 배우지 않은 사람들도 쉽게 이해할 수 있는 길을 제시하고 있으며, 이론적으로 미적분학을 배운 사람에게도 더욱 확실히 이해할 수 있도록 도와줄 것이다. 아울러 자연현상과 그 응용에 관련된 미적분학의 폭넓은 쓰임새에 대하여 간략하고도 본질적인 면을 쉬운 방법으로 설명한 좋은 참고서가 될 것이다.

마지막으로 수학에 대한 폭넓은 이해와 관심으로 이 책을 출판해 주신 도서출판 경문사 여러분의 적극적인 협조에 감사드린다.

옮긴이 김병학

 # 머리말

세상에서 미분·적분만큼 도움이 되며 재미있는 것은 없습니다. 그러나 유감스럽게도 그렇게 생각하지 않는 사람이 많은 것 같습니다.

어떤 학원의 광고지에 '초등학생도 미분·적분이 가능하게 된다'는 선전이 있었습니다. 실제 초등학생에게도 미분·적분의 문제가 풀리도록 훈련하는 것은 가능합니다. 공식과 해법 몇 개의 패턴을 기억하여 기계적으로 계산하면 풀리는 문제도 있기 때문입니다. 이런 선전 문구는 미분·적분이 '꽤 어렵다'고 생각하고 있다는 것을 보여주고 있습니다. 수학을 어렵다고 말하는 사람의 대부분은 '미분·적분'을 듣는 것만으로도 꽁무니를 뺍니다.

유감스럽게도 고등학교의 수학시간에는 미분·적분의 일부분밖에 볼 수 없습니다. 그래서 아무 생각 없이 기계적인 계산만이 미분·적분이라고 믿어버리고 맙니다. 그러나 그렇게 해서는 미분·적분의 진정한 재미는 전혀 맛볼 수 없는 것이 당연합니다.

미분·적분은 발생부터 일상생활과 굉장히 밀접하게 관련되어 있습니다. 또한 뉴턴이 '미분·적분의 기본정리'를 보인 이래 근 100년 동안 '수학적으로는 올바르다고 말할 수 없지만 도움이 되므로 써보자'는 개념으로 취급되어 왔습니다(현재는 엄밀한 이론이 확립되어 있습니다). 엄밀성을 중요시하는 수학자가 '틀렸을지 모르지만 사용한다'고 말하는 것으로 보아 분명 편리하고 도움이 되는 이론임에는 틀림이 없겠지요.

현재도 일상생활의 모든 곳에서 미분·적분의 현상을 볼 수 있으며 그 사고방식이 활용되고 있습니다. '사회의 모든 현상을 미분·적분으로 설명할 수 있다'고 하는 수학자가 있을 정도입니다. 그래서 미분·적분은 사회경험이 풍부하면 풍부할수록 이해하기 쉬우며, 여러 방면에 도움이 되는 학문이라고 할 수 있습니다. 그런 의미에서 본다면 비즈니스맨을 위한 '실전과학'일지도 모릅니다.

이 책은 내용을 보면 곧 알겠지만 대부분 삽화만으로 설명합니다. 그것은 미분·적분이 기계적인 계산을 넘어 그래프를 중심으로 한 도형의 학문이기도 하기 때문에 가능한 것입니다. 이 책에서 미분·적분에 대한 흥미로움의 일부분이라도 맛볼 수 있다면 저자의 큰 즐거움이겠습니다. 또한 '과연, 미분과 적분-세미나'라는 책은 이 책과 상호 보충이 되어 있습니다. 참조하시기 바랍니다.

마지막으로 이 책을 펴내는 데 '수학세미나'의 가메이 데쓰야로(龜井哲治郎) 편집장, 무라카미 유타카(村上豊) 씨(무라카미 스포츠 기획), 핵융합과학 연구소의 사쿠마 요이치(佐久間洋一) 씨 등을 비롯하여 많은 분들에게 신세를 졌습니다. 감사의 말씀을 드립니다.

지은이 오카베 츠네하루(岡部恒治)

차 례

옮긴이 머리말
머리말

제1장 이미지로 파악하다

그래프를 위한 과학 ·········· 14
지구는 둥글까 평평할까 ·········· 16
토기 복원작업 ·········· 18
나일 강의 선물 ·········· 20
전기배선과 전기요금 ·········· 22
정전되어도 전기요금은 내야 한다 ·········· 24
교통단속 ·········· 26
주식 투자로 돈 벌기 ·········· 28
CT ·········· 30
만일의 경우에 ·········· 32
왜 CD는 신호결손이 없을까 ·········· 34
▶ 뉴턴 • 36

제2장 극한의 세계로 들어가다

주사위는 한없이 $\frac{1}{6}$ 에 접근한다 ·········· 38
뉴턴 근사로 $\sqrt{2}$ 에 다가간다 ·········· 40
작디작게 ·········· 42
답이 없는 덧셈 ·········· 44
초등학교에도 적분이 있다 ·········· 46
부채꼴은 삼각형과 같다 ·········· 48
화장지의 길이 ·········· 50

도넛의 안과 밖 ·· 52
기울기 하나로 그래프를 알 수 있다 ························ 54
도로 표지판 ··· 56
아킬레우스는 거북을 따라잡을 수 없다? ·················· 58
나는 화살은 정지해 있다? ···································· 60
아킬레우스는 언제 거북을 앞지를까 ························ 62
제논의 역설 반박 ··· 64
나는 화살은 정지한 화살로 잡는다 ························· 66
▶ 라이프니츠의 꿈 • 68

제3장 곡선의 어느 곳에나 미분이 있다

변하는 속도를 어떻게 측정할까 ······························ 70
순간속도를 어떻게 구하지 ···································· 72
미분이란 접선을 긋는 것 ····································· 74
도함수, 넌 대체 뭐야 ·· 76
1차함수 미분하기 ··· 78
2차함수를 미분하면 ·· 80
3차함수는? ·· 82
이것이 미분공식 ·· 84
모페르튀이의 원리 ··· 86
바닥은 극솟값, 꼭대기는 극댓값 ····························· 88
꼭대기와 바닥 사이 ·· 90
그래프의 모양은? ··· 92
실전! 그래프 그리기 ··· 94
어느 수박이 더 클까 ··· 96
상자의 3차함수 ··· 98
햄을 자르면 생기는 그래프 ································· 100
사인곡선의 미분은 코사인곡선 ····························· 102
▶ 로마병사에게 살해당한 아르키메데스 • 104

제4장 적분으로 넓이를 구하다

π 구하는 법 ··· 106
정96각형으로부터 3.14··· ·· 108
안팎으로 공격하라 ··· 110
적분의 기본은 직사각형 ·· 112
적분은 넓이를 구하는 것 ·· 114
적분 공식 예상하기 ·· 116
부정적분은 무엇일까 ·· 118
뉴턴이 파악해낸 원리 ·· 120
기본정리로 적분은 쉽사리! ·· 122
미분·적분의 공식을 정리하자 ·· 124
복리에 얼굴을 내미는 e ·· 125
연못의 물도 $\frac{1}{e}$ ··· 128

▶ 권위에 구애받지 않았던 데카르트 • 130

제5장 미적의 눈으로 보다

한 번 감은 화장지 ··· 132
지구의 겉넓이 ·· 134
물가상승률은 마이너스, 그러나 물가는 오른다 ····························· 136
속도·거리·가속도의 삼각관계 ·· 138
볼의 궤적이 포물선인 이유 ··· 140
인공위성의 속도 ··· 141
입시문제 ·· 144
애로사항은 뜻밖의 곳에 ·· 146
굴절률은 무엇으로 정해질까 ··· 148

▶ 행동하는 수학자 모페르튀이 • 150

제6장　카발리에리의 원리로 적분을 마스터하다

햄의 부피 ·· 152
신기한 카발리에리의 원리 ··· 154
무엇이든 "카발리에리" ··· 156
오뚝이 수학 ··· 158
왜 원뿔은 원기둥의 $\frac{1}{3}$일까 ·· 160
정육면체 삼분하기 ··· 162
꽃병의 물은 ··· 164
원뿔의 부피 ··· 166
시험 순위 알아맞히기 ··· 168
심프슨 공식 ··· 170
후지 산 ·· 172
▶ 카발리에리의 통풍　•　174

제7장　세상을 여는 열쇠를 가지다

핼리혜성을 예언한 남자 ·· 176
보물섬일까 도깨비섬일까 ·· 178
현수교는 괜찮을까 ··· 180
화석의 연대와 미분방정식 ··· 182
자동차의 미끄럼 ··· 184
인터체인지의 비밀 ··· 186
관성항법장치 ·· 188
베나르 대류와 된장국 이론 ··· 190
▶ 핼리의 이름은 핼리혜성 때문에 불멸입니다　•　192

제8장 특이점이야말로 알짜다

- 태풍의 눈 ······ 194
- 태풍이 꾸물거리는 이유 ······ 196
- 경영성공의 분기점 ······ 198
- 골프공의 비밀 ······ 200
- 타이어 수학 ······ 202
- 프랙털은 자기닮음구조 ······ 204
- ▶ 코시 • 206

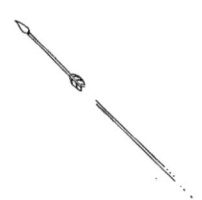

제 1 장
이미지로 파악하다

그래프를 위한 과학

수영과 육상경기에는 승패 외에 "어디까지 기록을 깰 수 있을까" 하는 즐거움이 있습니다. 예를 들어 이겨도 기록이 평범하면 보는 사람도 실망합니다. 그래도 경기를 하는 주체는 살아 있는 인간이므로 경기에 따라서는 앞사람의 기록을 깨뜨리는 것이 좀처럼 어렵기도 합니다. 이와 같은 기록 신장의 형태를 볼 때 그래프는 최적입니다. 다음 그래프는 장대높이뛰기의 세계기록이 어떻게 갱신되어 왔는지 보여주고 있습니다.

1950년대까지 보면 거의 기록이 늘어나지 않아 인류에게 "5m의 절대적인 벽"이 있는 것처럼 보였습니다. 그러나 1960년경부터 다시 기록이 급성장하여 6m를 돌파하였습니다. 왜 1960년경부터 기록이 급격히 성장하기 시작했을까요? 여기에 장대높이뛰기 폴의 소재가 진보한 것이 눈에 띕니다. 즉 1960년경부터 폴에 탄성이 좋은 글라스 파이버를 사용하였기 때문입니다. 이와 같이 그래프를 그려서 여러 가지 현상을 눈으로 보고 확인할 수 있습니다. "글라스 파이버가 폴에 최적"이라고 백만 번 말하는 것보다 이 그래프를 한 번 보여주는 것이 설득력이 있지 않겠습니까?

미분과 적분은 이와 같이 그래프를 분석하고 이해하기 위한 과학입니다. 다시 말해서 미분과 적분은 여러 분야를 이해하고 응용하기 위해 필요한 과학이라고 말할 수 있겠지요.

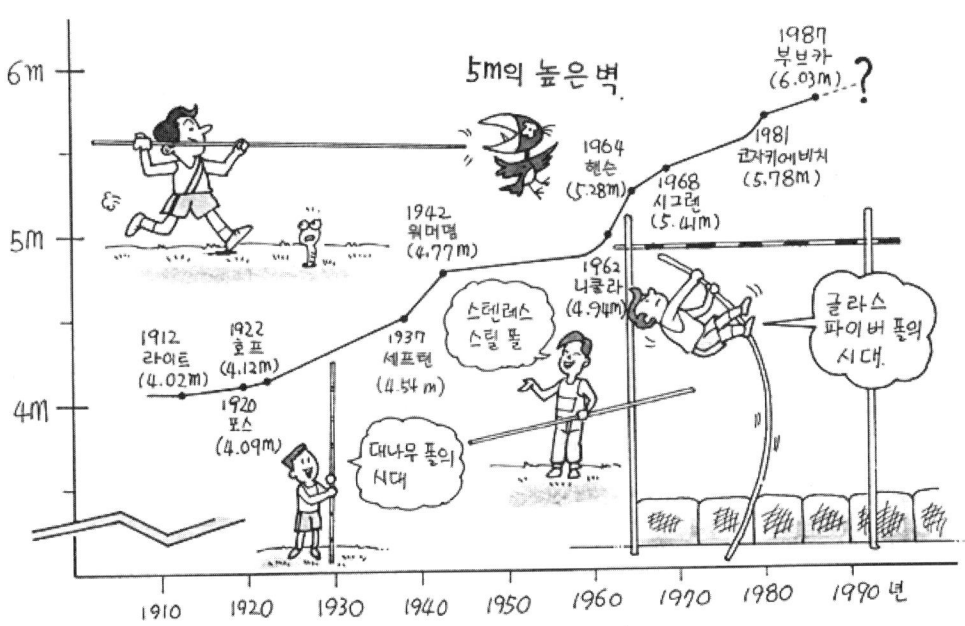

제1장 이미지로 파악하다

지구는 둥글까 평평할까

그리스 시대의 교양인 사이에는 "지구는 둥글다"는 것이 널리 알려져 있었습니다. 그러나 그것은 과학적인 의미에서가 아니고 "완전한 입체도형은 구이므로 지구도 구가 아니면 안 된다"는 철학적 입장이었습니다.

그 철학적 신념이 있었으므로 당시 실제로 쓰일 일이 없던 지구의 반지름이 비교적 빨리 계측되었습니다.

그러나 일반인의 상식으로는 지구가 둥글지 않았습니다. 당연히 그렇게 생각했겠지요. "자신의 주변"만을 생각하면 평평하게 보이므로 지구는 평평하다고 생각하여도 무리는 아닙니다.

그러나 배를 탄 사람은 수평선이 둥근 것을 보고 있으므로 '지구는 둥글구나.'라고 확신하고 있었겠지요.

그래서 유명한 콜럼버스는 "지구가 구"라는 것을 보이려고 어쩌면 지구 끝에 있는 폭포에서 떨어져 죽을지도 모르는 항해에 나섰던 것입니다.

오늘날은 인공위성이 찍은 사진이 지구가 "구"라는 것을 증명하고 있습니다. 그러나 지금도 지구의 일부를 보거나 자기 자신의 생활기반에 한정하면 평평하다고 생각하기 쉽고, 오히려 둥글다고 생각하면 이상해집니다. 이와 같이 곡선이나 곡면의 작은 부분에 한정하여 직선이나 평면처럼 보는 것은 거기에 접선(접평면)을 긋는 것과 같은데 이것이 곧 미분적인 견해라고도 할 수 있습니다.

역으로 수평선이 둥근 것을 보고 지구 전체 모양을 상상했던 것처럼 부분을 모아서 전체 모양을 결정하는 것은 적분적 견해입니다.

토기 복원작업

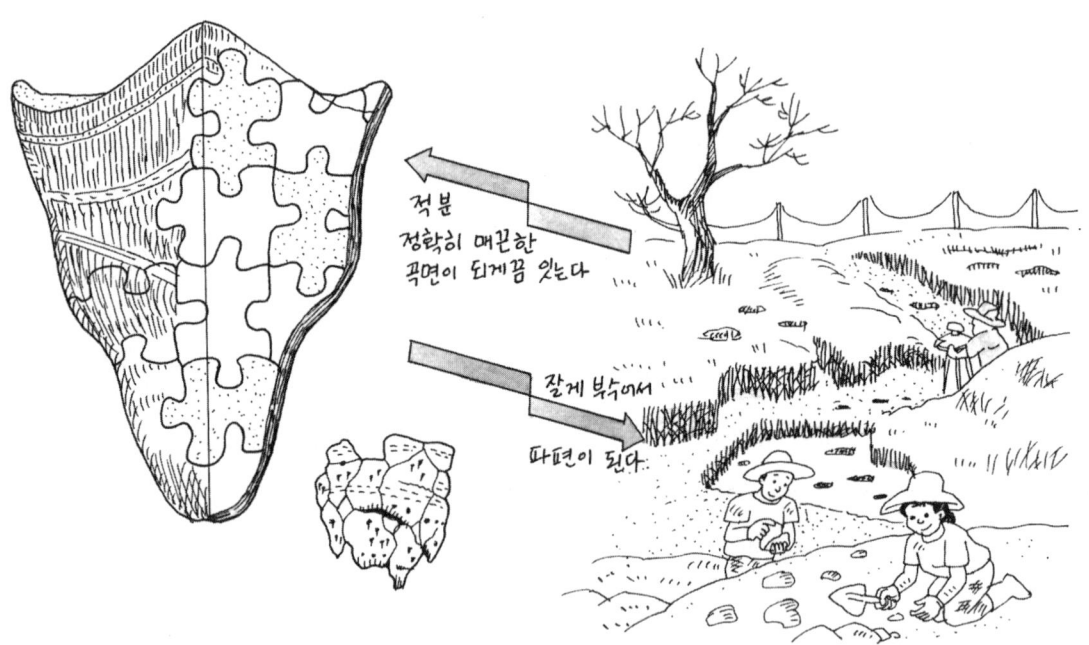

　박물관에 있는 토기를 보면 멋지게 복원되어 있습니다. 그러나 흙 속에서 발굴했을 때에는 모두 조각나 있었습니다. 시중의 퍼즐게임과는 달리 불필요한 것이 섞여 있기도 하고, 필요한 조각은 보이지 않기도 합니다.

　이와 같은 토기의 복원작업을 바로 적분이라고 생각할 수 있겠지요. 작은 조각 하나하나는 원래의 토기에서 본다면 곡면의 일부였겠지만 조각으로 보면 거의 평평합니다. 그러나 바르게 맞춰나가면 매끈한 곡면 토기가 됩니다.

그러면 미분은…? 그렇습니다. 거꾸로 하는 작업입니다. 즉 토기를 가루로 부수는 것이 미분입니다.

나일 강의 선물

여기까지 읽었다면 "과연 미분 속에 적분이 있고, 적분 속에 미분이 있구나." 하고 이해했을 것입니다. 그러나 수학에서 미분과 적분이 동시에 발생한 것은 아닙니다. 미분은 겨우 300년 전인 17세기에 데카르트, 페르마, 파스칼 등에 의하여 그 싹이 텄습니다. 그러나 적분의 원형은 2000년 전 아르키메데스(기원전 3세기)가 벌써 생각했습니다.

삼각형이라든가 사각형과 같은 직선으로 둘러싸인 도형의 넓이를 구하는 것은 비교적 간단하죠. 그러면 곡선으로 둘러싸인 도형의 넓이는 어떨까요? 아르키메데스는 이것을 생각했던 것입니다. 곡선은 틀림없이 "굽은 것"입니다. 자, 어떻게 할까요? 여기에서 그는 "곡선을 다각형으로 근사시키는 방법"을 궁리하였습니다(원의 경우의 계산방법은 106쪽 참조). 이 방법은 현재 적분에 의한 넓이 계산과 거의 다르지 않습니다.

그렇다면 왜 적분이 미분보다 2000년이나 빨리 태어났을까요?

"기하는 나일 강의 선물"이라는 말을 들어봤나요? 이집트 중심지의 알렉산드리아를 흐르는 나일 강이 자주 범람하고, 그로 인해 흐트러진 토지 면적을 다시 확정하기 위하여 기하학이 필요했다는 것입니다. 나일 강이 원래대로 돌아왔을 때, 같은 넓이의 토지를 분배하기 위해서는 "곡선으로 둘러싸인 넓이의 계산 = 적분"이 필요하다는 것을 곧 알겠지요.

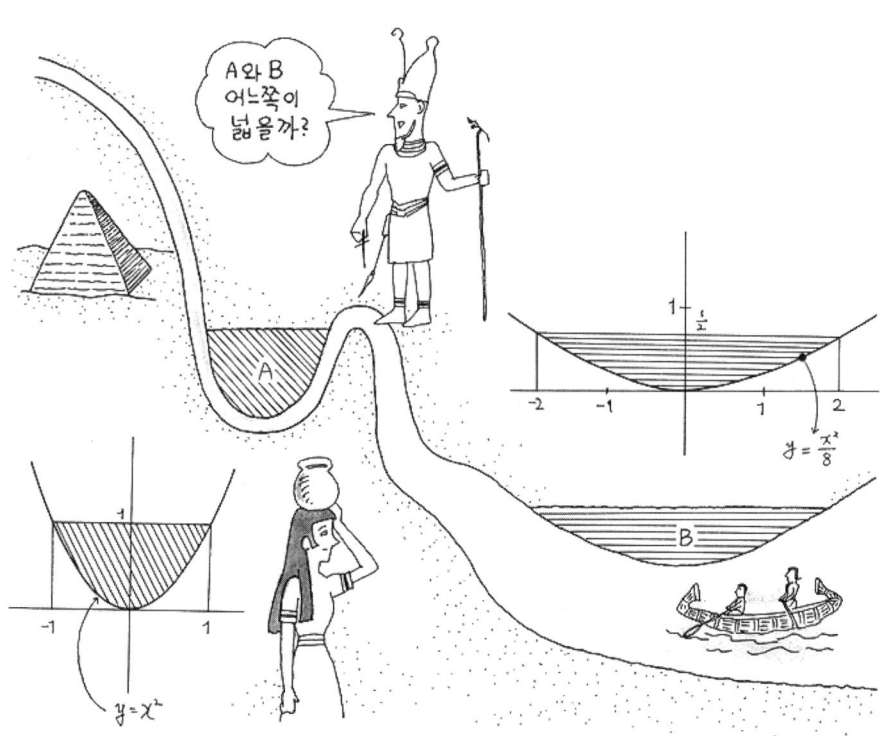

전기배선과 전기요금

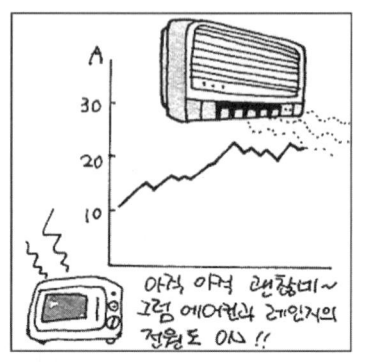
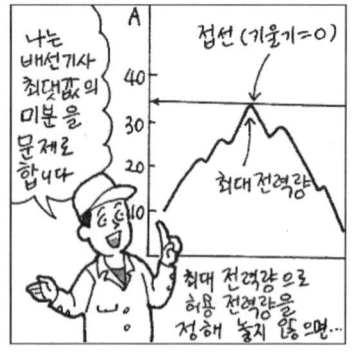
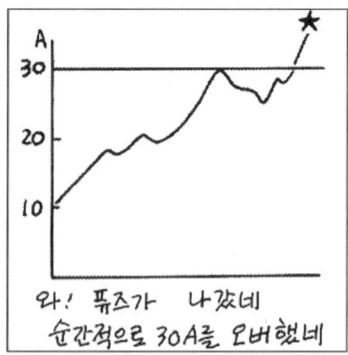

나일 강에서만 아니라 가정에서도 미분과 적분 감각은 필요합니다.

예를 들면 옛날에는 몇 개의 전기제품을 동시에 사용하면 퓨즈가 끊어지는 경우가 있었습니다. 지금은 차단기를 사용하므로 옛날처럼 당황하여 퓨즈를 사러 달려갈 필요는 없어졌습니다.

허용 전력량을 높게 해두면 좋을 것 같지만 마냥 높게 하면 기본요금이 높아지므로 낭비입니다. 따라서 허용 전력량은 자신의 집에서 쓰는 전류가 어느 정도인지 알아두고 그 최댓값으로 설정해 두어야겠지요.

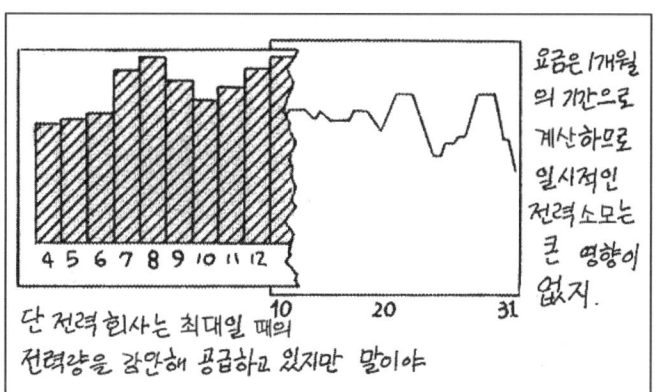

 이 최댓값을 알기 위해서는 그래프의 접선이 도움을 줍니다. 즉 "최댓값인 곳에서의 접선이 수평"이라는 것을 이용합니다. 이와 같이 허용량에 미분의 사고방식이 쓰입니다.

 미분이 이용되고 있으면 어디에선가 적분이 응용되는 법, 전기요금의 산정이 그것입니다. 전기요금은 1개월간 흐른 전류의 양에 따릅니다. 일시적으로 대량의 전류가 흘렀어도 그것이 단시간이라면 거의 영향이 없습니다. 전기요금은 그래프의 넓이와 관련 있기 때문입니다. 넓이 즉 적분입니다.

 같은 전기 전문가라도 배선기사와 요금을 부과하는 사람의 발상에는 미분과 적분의 차이가 있는 것입니다.

 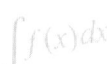

정전되어도 전기요금은 내야 한다

미분은 접선과 관련 있는데, 만약 삼각형이나 직사각형과 같이 뾰족한 곳이 있어서 매끄럽지 않으면 거기에서는 접선을 그을 수 없습니다. 즉 미분이 불가능한 곳이 있는 것입니다.

적분은 어떨까요? 전기요금은 적분이었으므로 적분이 되지 않는 방법으로 전기를 쓴다면 요금을 내지 않아도 될지 모르지요.

그러나 다행인지 불행인지 거의 모든 경우에 넓이는 존재합니다. 원래 다각형에는 꼭짓점이 있으므로 거기에서는 접선을 그을 수 없습니다만(미분불가능), 넓이의 계산은 오히려 곡선의 넓이보다 간단합니다. 더욱이 그래프가 조금씩 끊어진 경우(불연속이라고 말하죠)에도 넓이를 생각할 수 있습니다.

여하튼 "그래프를 그릴 수 있는 것이라면 모두 넓이를 생각할 수 있다"고 생각해 주세요. 따라서 아무리 정전이 되어 전류의 그래프가 불연속이고 25쪽의 그림과 같이 미분이 불가능한 점이 많아져도 그 넓이(=적분)는 간단히 구할 수 있죠. 그리고 전기계량기는 그 넓이를 나타냅니다.

수학에서 취급하는 것 중에는 넓이를 생각하는 것이 불가능한 것도 확실히 있습니다. 그것은 그래프도 그릴 수 없는 아주 특수한 것입니다. 그러나 그것도 조금 근사하면 그래프가 되고 넓이를 구할 수 있습니다.

결국 정전이 종종 있어도, 소등하여도 전기요금은 그래프로 그릴 수 있으므로 지불하여야 됩니다. 우겨봐야 전기회사를 이길 수 없죠. 그렇다고 체념하는 것은 아직 이릅니다. 수학적 발상을 사용하여 효율이 좋게 전기를 사용하면 전기요금을 줄일 수 있습니다.

또한 넓이를 생각할 수 있는 것과 계산이 간단한 것 사이에는 차이가 있습니다. 넓이가 있어도 적분계산이 간단하지 않은 예도 있습니다.

교통단속

자동차에도 미분·적분 개념이 쓰입니다. 예를 들면 27쪽 위의 그림은 가로축에 시간을, 세로축에 주행거리를 그린 그래프입니다. 이때 어느 점에서 접선을 그으면 그것은 무엇을 의미할까요?

그림에서 접선의 기울기가 속도를 나타낸다는 것은 곧 알 수 있습니다. 즉 "속도는 주행거리의 미분"에서 온 것입니다.

그럼 이번에는 27쪽 아래의 그림과 같이 가로축에 시간을, 세로축에 속도를 표시해 봅시다. 그때 어느 시간까지의 넓이는 무엇을 의미할까요? 그것은 그 시각까지 주행거리란 것을 알 수 있습니다. 즉 "속도를 적분하면 주행거리가 나오고 거꾸로 주행거리를 미분하면 속도가 나온다."는 것입니다.

그런데 과속 운전을 단속하는 경찰이 아니라면 속도보다 거리(=연비) 쪽, 즉 적분 쪽에 신경을 쓰게 됩니다. 한편 속도를 미분하는 것도 가능합니다. 이것이 가속도입니다. 가속도는 역학에서는 대단히 중요하지만 일반인은 그렇게 크게 관심을 갖지 않습니다. 미분은 하면 할수록 추상적이며 일상생활과는 그다지 관계가 없어지기 때문입니다.

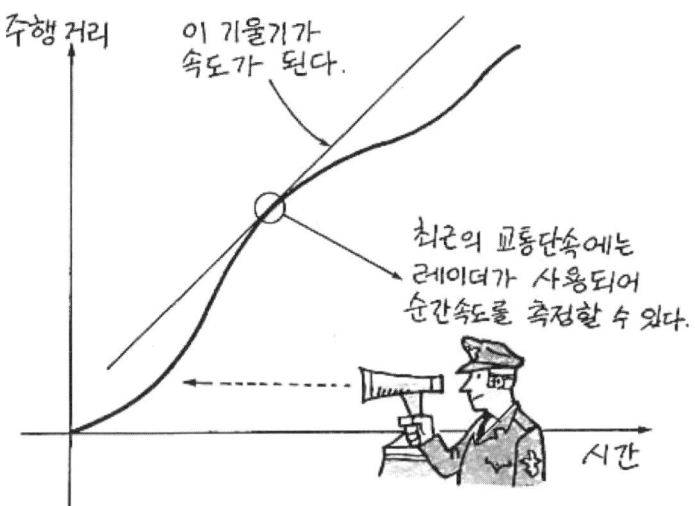

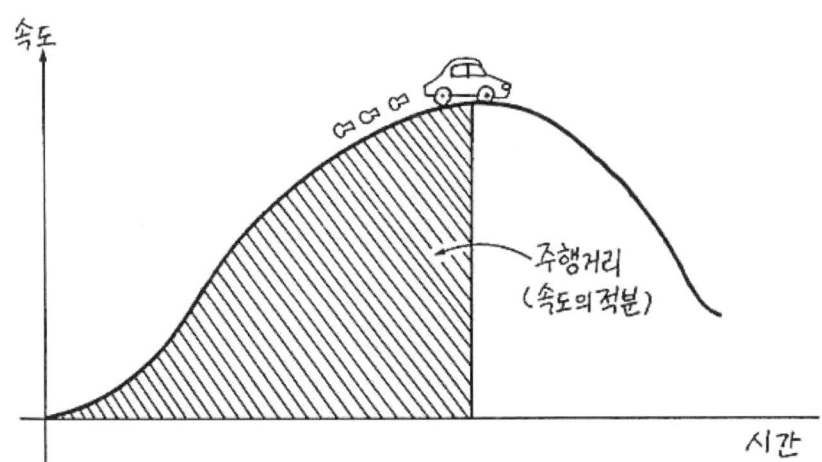

주식 투자로 돈 벌기

주식을 매매할 때는 주식의 그래프를 미분적으로 분석하는 것이 중요합니다. 먼저 기본은 주식가격의 극솟값에서 사고, 극댓값에서 팔면 됩니다. 그 시기를 알 수 있다면 아무런 고민도 없겠지요. 하지만 현실은 그렇지 않습니다. 왜냐하면 주식가격의 동향은 그 회사의 업적을 그대로 반영하는 것은 아니기 때문입니다.

예를 들면 도쿄 돔 구장이 완공되었을 때 이야기입니다. 초보자가 보면 그 구장의 주식은 구장이 완공되었을 때 극댓값이 될 것이 아닌가 생각합니다. 구장이 완공되면 처음으로 손님이 모여들어 업적에 기여하기 때문에…….

그러나 주식가격의 움직임은 좀 다릅니다. 실은 완공 직전에 극댓값이 되며 완성과 동시에 조금 내립니다. 이유는 다음과 같습니다.

주식의 가격은 "매매"라는 작용으로 결정됩니다. 그래서 주식이 오른다는 기대가 커지면 사는 사람이 늘어납니다. 즉 그래프의 기울기가 크면 클수록 인기가 높아지고, 거꾸로 돔이 완공되어 극댓값이 되었다고 판단되면 많은 사람이 파는 쪽으로 돌아서게 되어 값이 내립니다.

철도가 신설되었을 때의 토지 가격도 똑같습니다. 완성되기 전에 극댓값이 되며 완성 직후에 조금 내리는 것이 보통입니다.

이와 같이 내부거래에 큰 규제가 있는 이유는 바로 한 걸음 앞의 정보가 중요하기 때문입니다.

CT

교통사고 등으로 머리를 강하게 부딪혔을 때에는 상태를 신중히 살펴보아야 합니다. 외상이 거의 없어 보여도 내출혈이 있으면 큰일이기 때문입니다.

머리의 내부 상황을 조사하기 위해 사용되는 것이 "CT(컴퓨터 단층촬영)"라는 것입니다. X선 등으로 머리의 내부를 둥글게 자른 형태로 계속 찍어나갑니다.

보통 우리들은 그중 한 장을 보는 정도이지만, 이 둥글게 자른 사진을 "여러 장 종합하면 머리 내부가 입체적으로 보인다"는 사실을 깨닫겠지요. 이 CT는 두 가지 의미에서 적분과 공통점이 있습니다.

먼저, 부분의 상태를 찍어서 종합하는 것은 적분적인 발상입니다. 다음으로 얇게 잘라서 더하는 방법으로 이것은 입체의 부피를 계산할 때 사용하는 적분의 가장 보편적인 방법입니다.

과학기술의 기본은 "얇게 나누어서 종합"하는 것. 의학이나 공학의 첨단기술에도 이와 같이 미분·적분의 사고법이 점점 도입되고 있습니다.

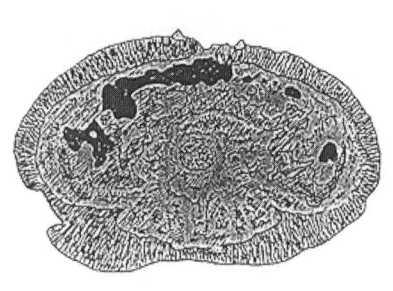

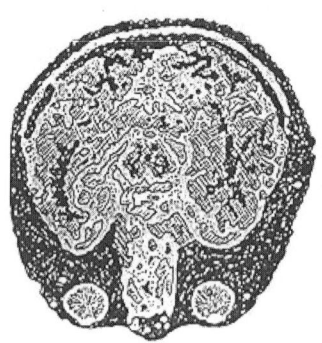

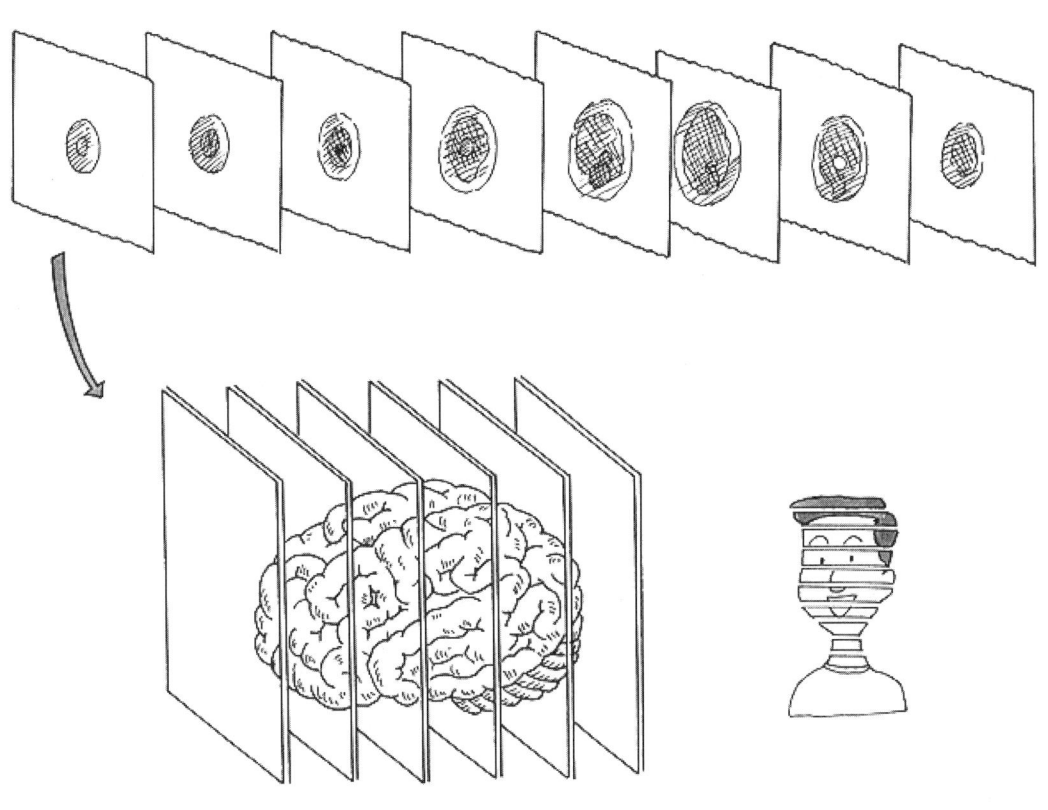

제1장 이미지로 파악하다

만일의 경우에……

그렇게 좋은 이야기는 아니지만, 사고가 일어났을 때 보상비가 어느 정도 되는지 아십니까?

보통 호프만 방식을 대표로 하여 몇 개의 산정방식이 있습니다. 어느 경우라도 "지금부터 일정 나이까지 일해서, 그 수입으로부터 자신이 쓰는 것을 뺀 나머지"를 계산하면 됩니다.

이 계산에는 미분·적분이 두 가지 의미에서 쓰입니다.

하나는 수입의 그래프입니다. 이미 직업이 있는 사람이라면 그 그래프는 매끈한 수입곡선이 될 것입니다. 원래 장래에 대한 것은 누구도 알 수 없습니다. 도중에 이 직업이 싫어져 내던질지도 모르고, 사업이 잘 되어 부자가 될지도 모릅니다. 그러나 그런 것을 따지면 아무것도 결정할 수 없습니다. 현재의 연봉과 직업 등으로부터 그 뒤의 수입곡선을 예측할 수밖에 없습니다.

그런데 이 방법으로 그래프를 그리면 이상한 일이 일어납니다. 대학에 재학 중인 학생이 그곳을 졸업하여 교수가 된 사람보다 수입이 많게 되기도 합니다. 이것은 호프만 방식의 모순은 아니고 다른 요인이므로 어쩔 수 없습니다.

둘째로, 여기에서 쓰이는 것은 그래프의 넓이입니다. 그 넓이가 보험총액을 의미하기 때문입니다. 이와 같이 사고 보장의 문제에도 적분은 실질적인 이익에 직결되는 작용을 하고 있습니다.

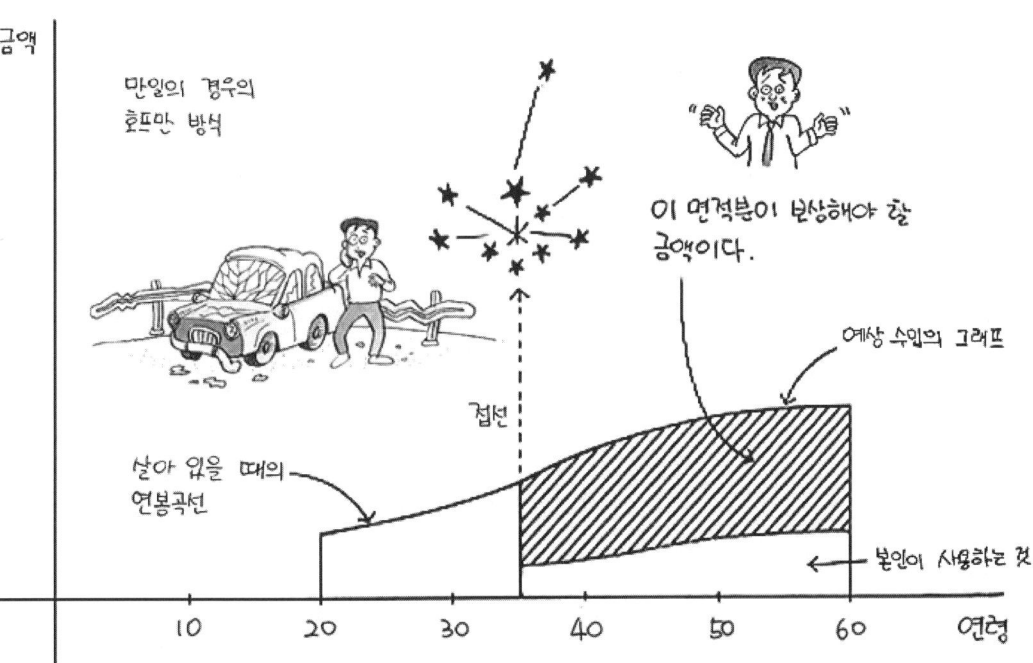

왜 CD는 신호결손이 없을까

AV(음향, 영상)제품 중에는 콤팩트디스크, VTR, 레이저 디스크 등 디지털의 특성을 이용한 것이 많습니다. 예를 들면 음은 공기의 파동이고 아날로그적인 것이라 생각할 수 있지만 이것을 디지털로 기록합니다.

구체적으로는 다음 그림과 같이 본래는 곡선 그래프였던 것을 많은 미세한 막대그래프로 대용하여 기록하는 것입니다. 그렇게 하면 본래는 매끈했던 그래프가 불연속인 그래프가 되는 것입니다. 그래서 음을 낼 때에는 다시 아날로그의 형태로 바꿉니다.

언뜻 보면 파동의 형태를 크게 변형하므로 음이 변할 거라고 느낍니다. 그러나 알다시피 디지털도 원음을 꽤 충실히 재생합니다. 특히 복사를 하더라도 원본에 거의 뒤지지 않습니다.

이렇게 하여 레코드는 아날로그와 디지털의 비율이 완전히 역전되고 말았습니다. 단, 아날로그와 달리 디지털에서는 신호의 잘못이 전혀 다른 값으로 나오는 것이 있습니다(예를 들면 $000001_{(2)} = 1$이 $100000_{(2)} = 32$가 되는 경우). 따라서 그것을 보정하는 기구가 필요합니다. 앞의 호프만 방식에서 보았다시피 불연속인 그래프라도 접선을 그음에 따라 그 접선을 따르도록 보정하는 방법이 있습니다. 불연속이기 때문에 미분이 응용되는 것도 흥미롭습니다.

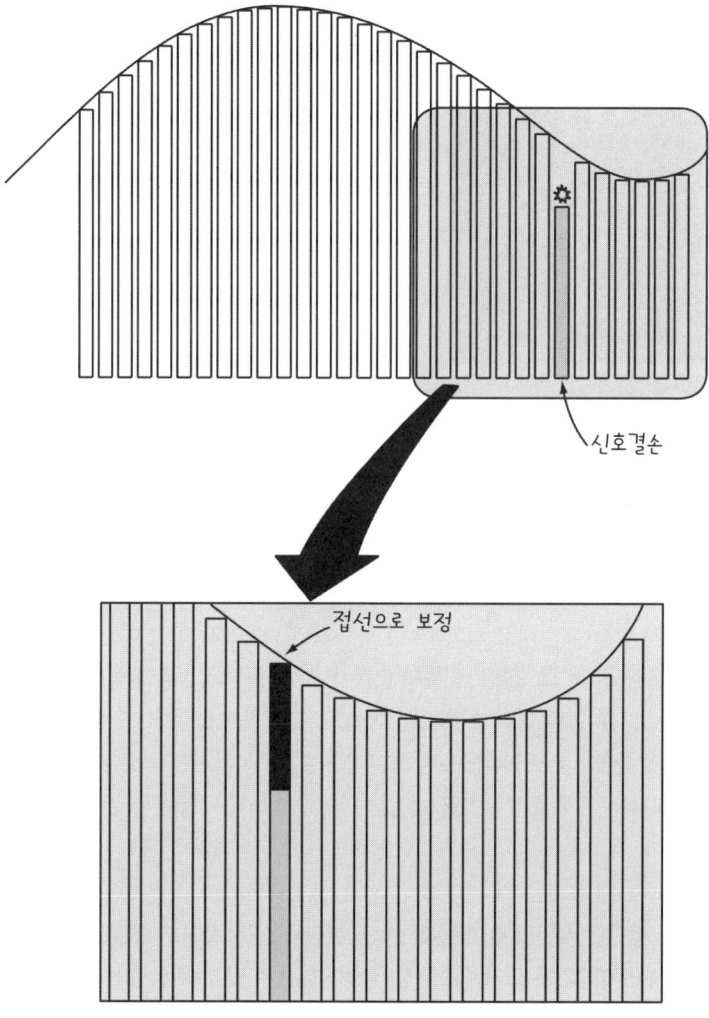

■ 뉴턴 (Isaac Newton, 1642 – 1727, 영국)

    천재들에게 종종 있는 일이듯, 뉴턴도 초등학교 시절에는 '문제아'였던 것 같습니다. 그러던 어느 날 싸움에 지고 나서 '반드시 공부로 되돌려 주겠다.'고 생각한 것 같습니다. 어떤 의미에서는 뉴턴과의 싸움에서 이긴 어린이들은 역사적인 공헌을 했다고 할 수 있을지 모릅니다. "싸움상대의 주먹이 미분·적분 및 역학이론을 만들었다."고 말하는 사람도 있을 정도입니다.
    적분의 고안자 아르키메데스가 왕관 검사를 한 이야기와 비슷하게 뉴턴도 조폐국장 시절에 화폐의 무게를 검정한 일이 있습니다. 다음은 뉴턴의 명언입니다.

    "내가 발견한 자연의 법칙은 해변의 아름다움을 본 것에 지나지 않는다. 해변에는 훨씬 아름다운 조가비가 굉장히 많이 흩어져 있고 해변 앞의 넓은 바다에는 굉장히 훌륭한 보물이 많이 숨겨져 있다."

제 2 장
극한의 세계로 들어가다

주사위는 한없이 $\frac{1}{6}$에 접근한다

옛날 이탈리아의 카지노에서 있었던 일인데, 어떤 수학자가 많은 돈을 벌었습니다. 그는 처음에는 전혀 벌지 못하고 특정의 룰렛의 수가 나오는 상태를 계속 기록했다고 합니다. 그리고 드디어 기계의 특성을 알아차리고 나오기 쉬운 수에 계속 돈을 걸었던 것입니다.

실제로는 좀처럼 그렇게 잘 맞힐 수 없습니다. 기계의 특성이 상당히 강하지 않은 한 먼저 자금이 부족하게 됩니다.

그러나 현실에 정확한 기계란 있을 수 없으므로 입시 등의 확률문제에는 "공정한 주사위" 등과 같은 단서가 붙어 있습니다. 공정하지 않은 주사위는 어떤 눈만이 편중해서 나오기 쉽기 때문입니다.

그래도 여섯 번 던졌을 때 공정한 주사위가 각각의 수를 반드시 한 번씩 나오게 하는 것은 아닙니다. 던지는 횟수가 적으면 어떤 수는 거의 나오지 않는다든가 어떤 특정 수가 계속해서 나오곤 합니다.

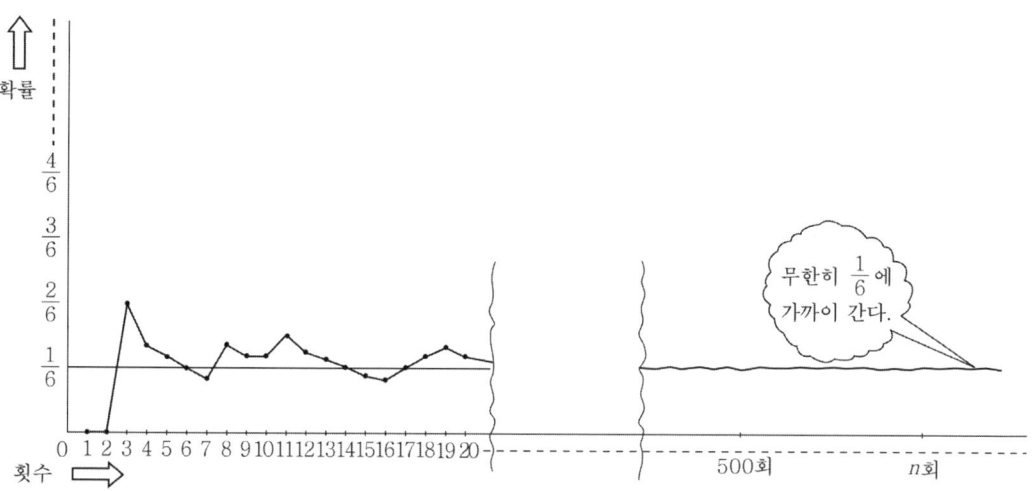

모든 수가 $\frac{1}{6}$의 같은 확률로 나온다는 것은 많이 시행하면 거의 $\frac{1}{6}$ 확률에 가까이 간다는 것입니다.

그것을 확인하기 위하여 실제로 주사위를 던져서 1이 나온 확률을 그림으로 표시해 보았습니다. 확실히 500번 정도 시행하면 $\frac{1}{6}$ 근처가 됩니다. 이것을 보면 횟수를 점점 더 많이 하면 $\frac{1}{6}$에 한없이 가까이 간다고 말할 수 있습니다. 이 사실을 $\frac{1}{6}$에 수렴(converge)한다고 말합니다.

즉 1이 나올 확률이라는 것은 "주사위를 던진 횟수를 무한히 많이 했을 때 1이 나올 비율이 수렴하는 값"인 것입니다.

뉴턴 근사로 $\sqrt{2}$ 에 다가간다

 $\sqrt{2}$ 와 같이 $\sqrt{}$ (근호)가 들어간 거듭제곱근을 계산하는 방법에는 "제곱근 풀이"란 것이 있습니다. 조금 귀찮은 계산이고, 세제곱이 되면 좀더 번거로운 "세제곱근 풀이"란 것이 됩니다.

 이와 같은 종류의 계산으로서 "뉴턴 근사"라는 방법이 있는데 다소 어려울지 모르지만 소개하겠습니다.

 그것은 $\sqrt{2}$ 가 $x^2 - 2 = 0$ 의 해라는 것을 이용합니다. 즉 $y = x^2 - 2$ 와 x 축과의 교점의 좌표가 $\sqrt{2}$ 이므로 곡선의 접선을 이용하여 접근하는 것입니다.

 아래 그래프에서 a_2 는 x 가 a_1 일 때의 접선과 x 축과의 교점입니다. 이렇게 하여 $a_3, a_4, \cdots$ 으로 나아가면 a_n 은 $\sqrt{2}$ 에 수렴하는 것입니다.

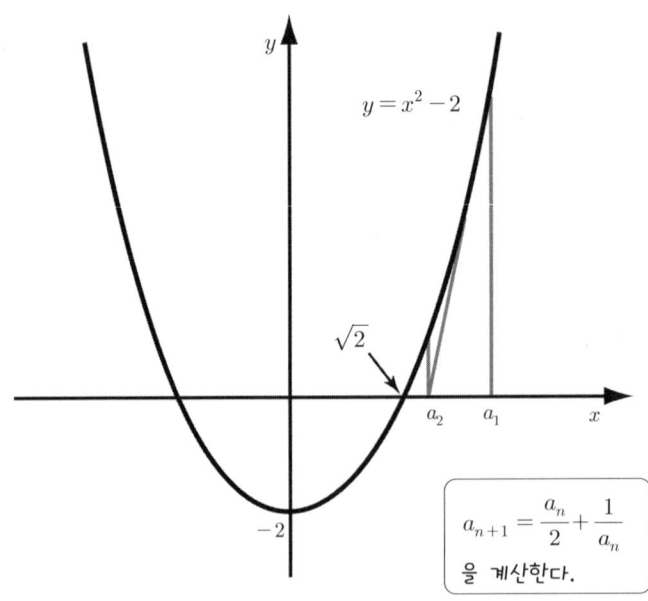

$$a_{n+1} = \frac{a_n}{2} + \frac{1}{a_n}$$
을 계산한다.

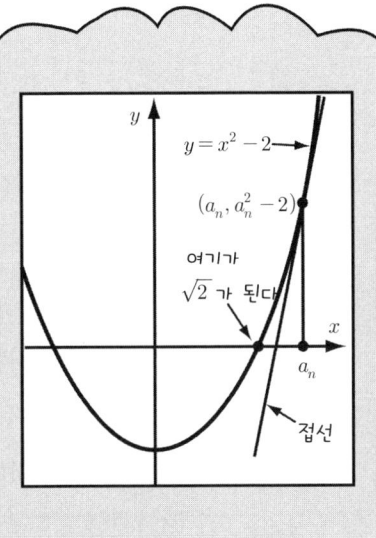

위의 그림은 $y=x^2-2$의 그래프이고 x축과의 교점은 $\sqrt{2}$이다. 그래프 위의 임의의 점 (a_n, a_n^2-2)에서 기울기는 $2a_n$이다(왜냐하면 $y'=2x$이기 때문에). 그러므로 접선의 방정식은

$$y-(a_n^2-2)=2a_n(x-a_n)$$
$$\therefore y=2a_nx-a_n^2-2 \cdots ①$$

①과 x축과의 교점은 $y=0$을 대입하여 구하면 되므로

$$0=2a_nx-a_n^2-2$$
$$\therefore x=\frac{a_n}{2}+\frac{1}{a_n}$$

- 초기값을 $a_1=2$이라 하고
$a_{n+1}=\dfrac{a_n}{2}+\dfrac{1}{a_n}$의 값을 구해보자.

$a_1=2$

$a_2=\dfrac{2}{2}+\dfrac{1}{2}=\dfrac{3}{2}(=1.5)$

$a_3=\dfrac{\frac{3}{2}}{2}+\dfrac{1}{\frac{3}{2}}=\dfrac{3}{4}+\dfrac{2}{3}=\dfrac{17}{12}(=1.4166\cdots)$

$a_4=\dfrac{\frac{17}{12}}{2}+\dfrac{1}{\frac{17}{12}}=\dfrac{577}{408}(=\underline{1.4142156\cdots})$

$\sqrt{2}\,(=1.41421356\cdots)$에 매우 가까이 감

작디작게

우리는 "결국"이라는 말을 많이 쓰는데, 이 결국의 한계까지 가까이 다가간 값을 "극한"이라 말합니다.

앞에서도 a_n의 n을 굉장히 크게 하면 $\sqrt{2}$에 접근하였습니다. 그래서 "극한은 $\sqrt{2}$에 수렴한다."고 말합니다. 또한 올바른 주사위도 1이 나올 비율의 극한은 $\frac{1}{6}$에 수렴하였죠.

이 두 가지는 n을 점점 크게 했을 때의 극한입니다. 그러나 극한이라는 것은 꼭 크게 하는 것만은 아닙니다. 오히려 작게 하였을 때의 극한도 있습니다.

매끄러운 곡선을 점점 짧게 하면 거의 선분에 가까워집니다. 이것을 양쪽으로 늘인 것이 접선입니다. 즉 곡선의 어떤 점에서의 극한이 접선인 것입니다. 이것이 작게 하는 방향의 극한이라고 말할 수 있겠지요. 단 여기에서 주의해야 할 것은, 극한의 세계에서는 "반드시 일정한 값에 가까이 가는 것은 아니다."는 것입니다.

가까이 가지만 그 값이 점점 커지는 것이라든가 $-$(마이너스) 방향으로 계속 나아가는 것도 있습니다. 또한 경우에 따라서는 전혀 값이 정해지지 않고 이리저리 가는 경우도 있습니다. "어떤 경우일까?" 거기에 대한 예는 다음 항목에서 보이겠습니다. 극한이 ∞(무한대) 또는 $-\infty$인 경우를 포함하여, 극한의 값이 명확히 정해지지 않은 것은 모두 "발산"이라고 부릅니다.

접선은 곡선을 극한까지 작게 끊은 것이며, 적분도 극한까지 짧게 끊어 더한 것입니다. 이와 같이 미분과 적분의 기본은 작게 하였을 때의 극한이라 하여도 과언이 아닙니다.

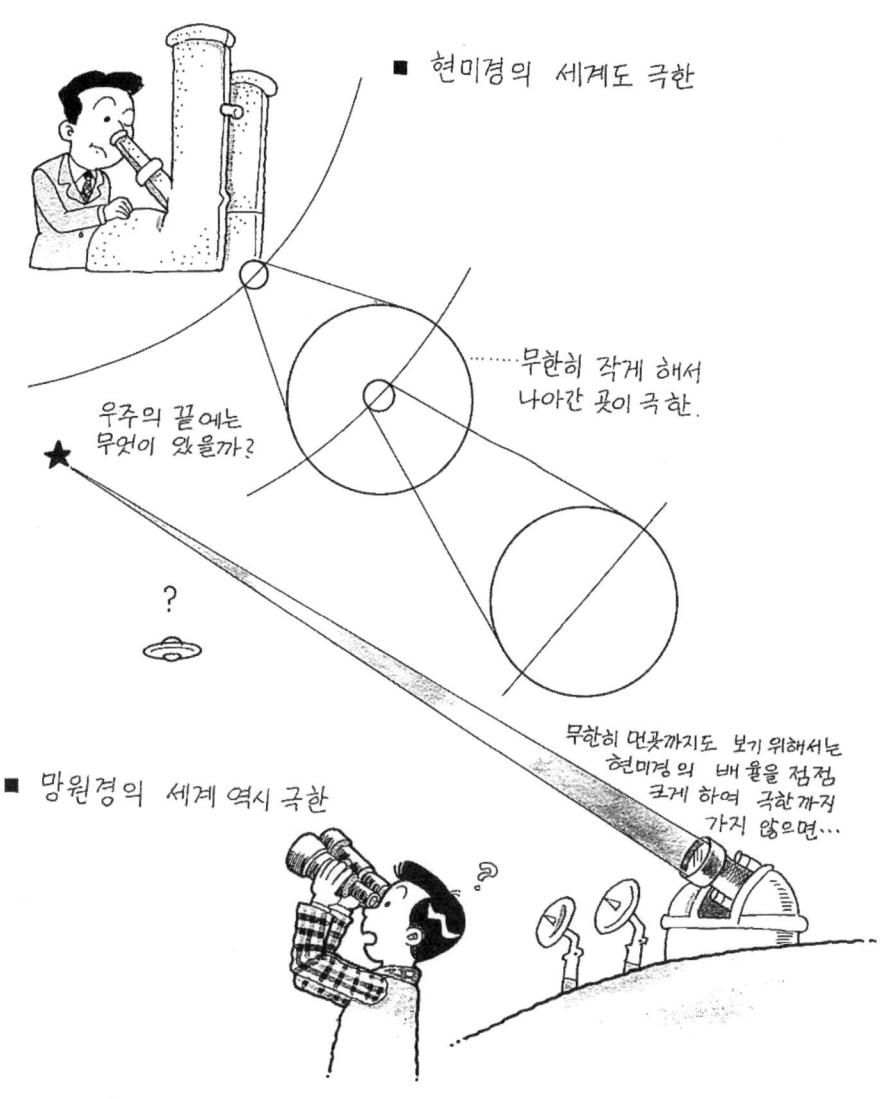

답이 없는 덧셈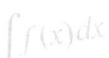

극한에서는 가끔 불가사의한 일이 일어납니다. 하나의 예가 다음과 같은 덧셈입니다.

$$10+(-10)+10+(-10)+\cdots$$

이것은 굉장히 단순하며 언뜻 보면 문제도 아닌 것처럼 보입니다. 그러나 더하는 방법에 따라 여러 값이 나오므로 골치가 아프죠. 예를 들어 두 개씩 쌍으로 생각하면 0이죠. 즉 이 식은 무한히 0을 더해나가는 작업이므로 답은 0이 됩니다. 한편 최초의 10은 그대로 두고 두 개씩 쌍으로 생각하면 각 쌍은 0이므로 답은 10이 됩니다.

더욱이 조합하는 방법에 따라서는 그림과 같이 5가 나올 수도 있습니다. 아니, 여러 가지 답이 나올 수 있습니다. 그러나 수학에서는 하나의 식에서 하나의 답밖에 나올 수 없으므로 0, 10, 5, …와 같이 여러 개가 나오면 엉망진창이 되겠죠.

여기에서 다른 사고방식이 필요합니다. 그것은 이 계산이 "수렴하지 않으므로 발산이다."라고 생각하는 것입니다.

즉 짝수 번째까지 더하면 0이지만 홀수 번째까지 더하면 10이 되는, "답이 없는 덧셈"이라고 합니다.

제2장 극한의 세계로 들어가다

초등학교에도 적분이 있다

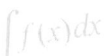

이 책에서는 "적분은 쉽다"는 것을 보일 예정인데, 그 예가 초등학교 교과서에도 있습니다. 그것은 원의 넓이와 원주의 관계를 보일 때에 나옵니다.

자, 여러분에게 묻겠습니다. "반지름 r인 원의 둘레의 길이는 $2\pi r$이고, 원의 넓이는 πr^2이죠. 그러면 왜 양쪽 식에 π가 나올까요?"

이와 같이 물으면 불가사의하다는 얼굴을 하는 사람이 많습니다만 둘레의 길이와 넓이가 직결되지 않는 예도 많이 있습니다. 원주율 π는 이름과 같이 "원주의 길이와 지름의 비율"을 나타내는 수입니다. 따라서 원둘레 $2\pi r$에서 π가 나와도 전혀 불가사의한 일이 아닙니다. 그렇지만 그 정의로부터 π와 원의 넓이의 관계를 나타내는 것은 아무 상관없지 않을까요?

여기에서 원의 넓이를 최초로 배웠던 초등학교 교과서를 찾아봅시다. 그러면 거기에는 확실히 둘레의 길이와 넓이의 관계가 있습니다. 그것이 다음 쪽의 그림입니다.

원을 작게 나누어서 펼쳐 놓으면 가로의 길이가 둘레 길이의 반인 직사각형이 됩니다. 즉 세로 r, 가로 πr의 직사각형입니다. 이렇게 하여 원의 넓이가 πr^2이라는 것입니다.

여기에서 작게 나누어서 넓이를 내는 방법은 조금 엉성한 논의이지만 조작하는 방법은 바로 적분입니다.

실제로 원의 넓이를 깔끔하게 계산하기 위해서는 이 사고 방식을 더욱 정밀하게 하여 적분을 사용하면 됩니다. 따라서 초등학교 교과서의 설명을 이해한 사람은 적분을 이해한 사람입니다.

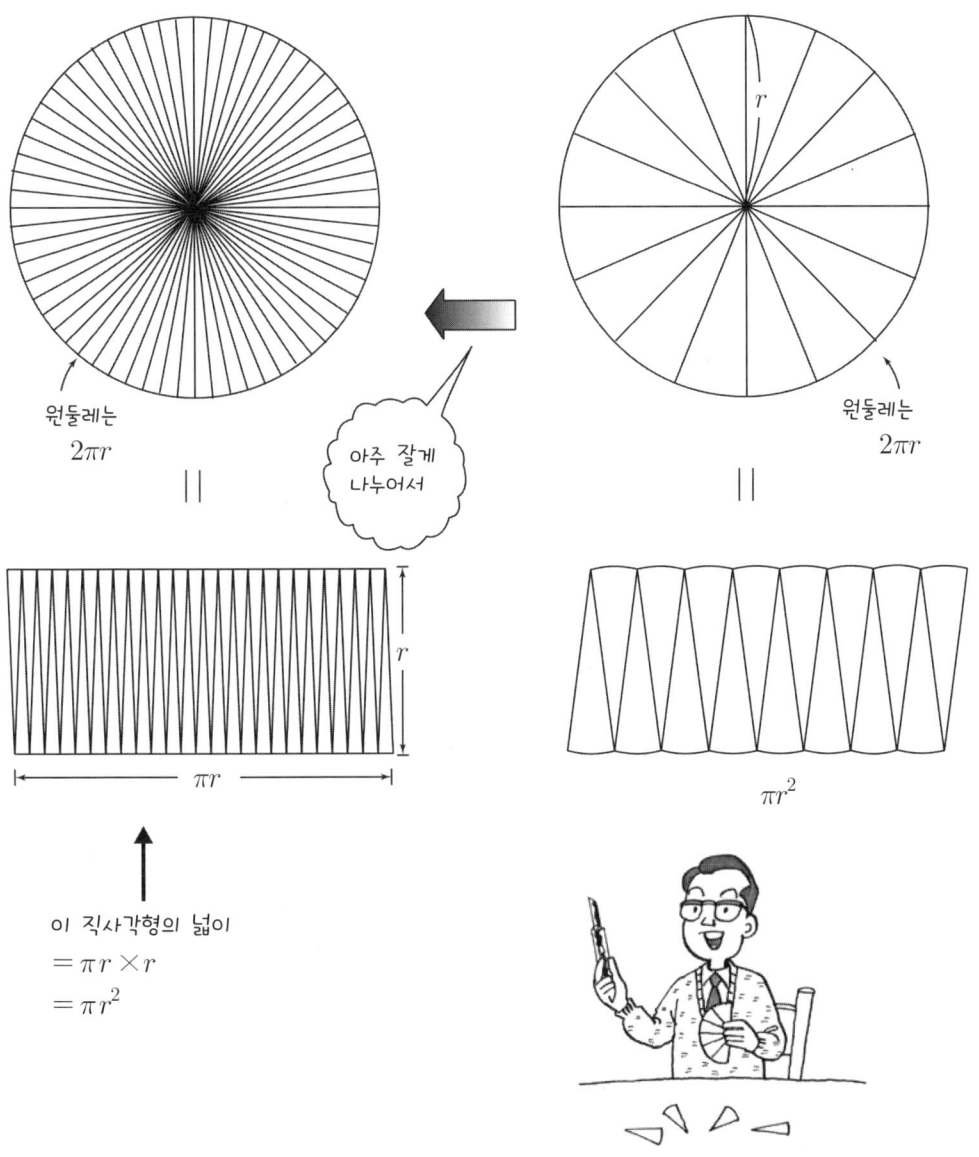

부채꼴은 삼각형과 같다

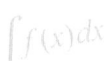

부채꼴과 삼각형은 실제로 굉장히 닮은 구조입니다.

오른쪽 그림과 같이 두 개의 부채꼴을 갖고 와서 작게 나누어서 합체하면 직사각형이 됩니다. 47쪽과 같은 조작을 하는 것이죠.

그래서 부채꼴의 반지름이 삼각형의 높이에 해당하고, 부채꼴의 원호가 삼각형의 밑변에 대응함을 알 수 있습니다. 이것은 부채꼴을 극한까지 작게 나누면 거의 삼각형이 되고, 높이가 반지름이 되는 것을 보여줍니다.

아무 관계가 없다고 생각하는 부채꼴과 삼각형의 대응관계 — 이것이 보이는 것도 적분의 발상 덕분입니다.

"그래서 어쩐다는 거지?" 하는 사람도 있겠지만, 물론 큰 의미가 있습니다.

"과학은 생각만 하는 것으로, 실용적 도움이 안 된다"고 생각하는 사람이 많은 것 같습니다만 그것은 본래의 과학을 잘 모르기 때문입니다. 다음 항에서 이런 이야기를 잘 사용한 예를 보이겠습니다.

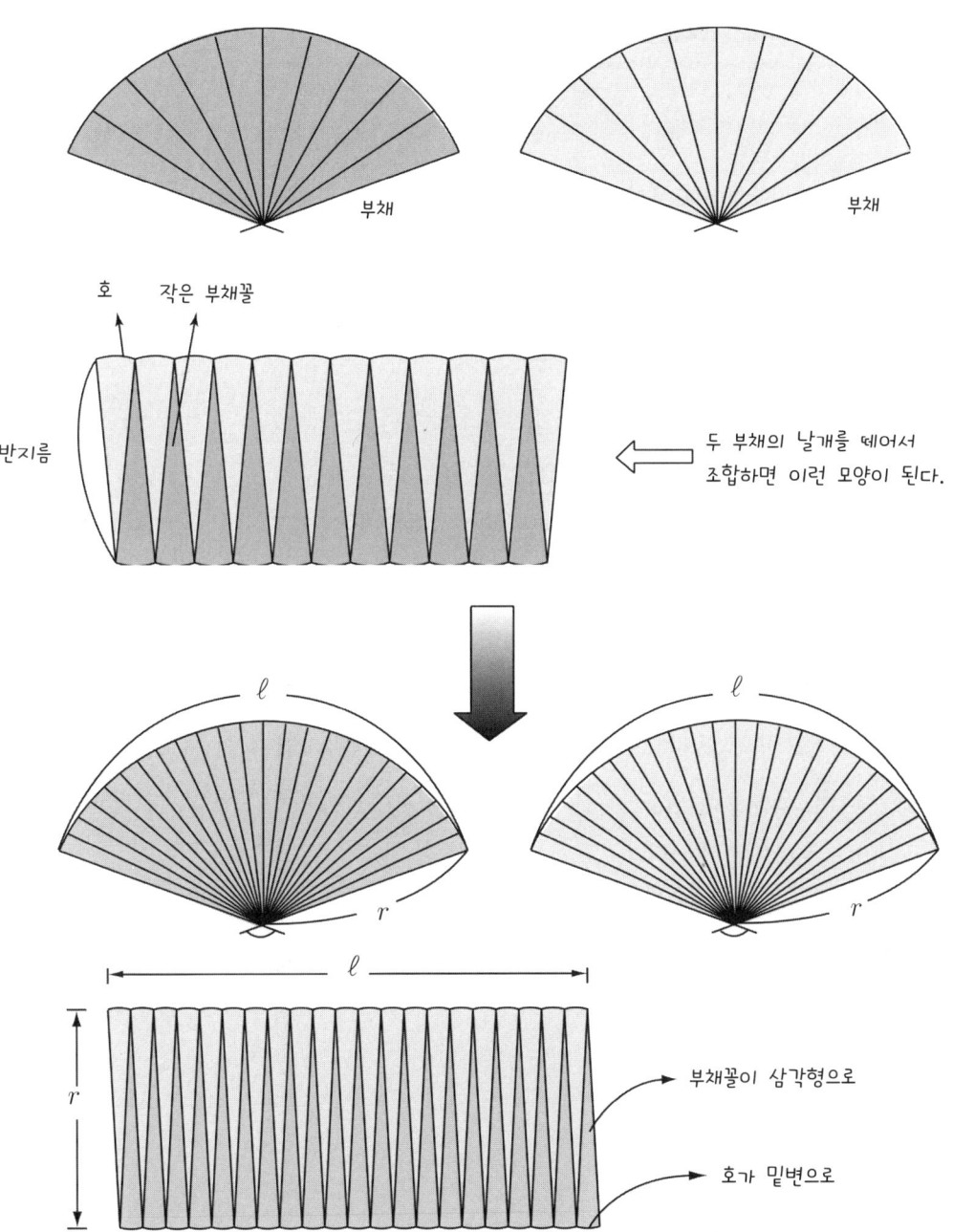

제2장 극한의 세계로 들어가다

화장지의 길이

 명색이 수학책인데, 약간이라도 문제를 풀어보지 않으면 "수학책답지 않아."라고 할지 모르므로 다음 문제를 생각해 봅시다. 이것은 중학교의 수업 시간에도 나오는 문제입니다. 적분의 사고방식은 이 화장지의 전체 길이를 계산하는 데에도 도움이 됩니다.

 먼저 생각할 수 있는 것은 동심원의 원둘레의 길이를 점점 더해 가는 방법입니다. 이 방법으로 충분히 계산할 수 있을 것입니다.

 한편 중학교 과정의 수준으로서는 어렵겠지만, 종이의 두께가 0.5mm로 굉장히 얇은 것에 착안하여 적분을 사용하면 금방 풀립니다. 수학은 가장 쉬운 접근방법으로 풀어 나가는 것이 제일이죠. 여기에서 적분을 사용해 보면…….

 그림에서 화장지의 테두리 부분의 넓이는 0.5mm의 얇은 종이가 둘려 있는 것으로 생각하면 됩니다. 즉 그 넓이는 그 종이의 "두께와 길이"를 곱한 것입니다. 이것으로부터 알 수 있는 것은 "테두리 부분의 넓이를 두께로 나누면 길이가 나온다."는 것입니다.

 넓이를 얇은 띠로 나누어서 계산하는 조작은 적분의 사고방식입니다. 이것을 보아도 적분은 복잡한 것을 간단히 처리하는 데 굉장히 도움이 된다는 것을 알 수 있습니다.

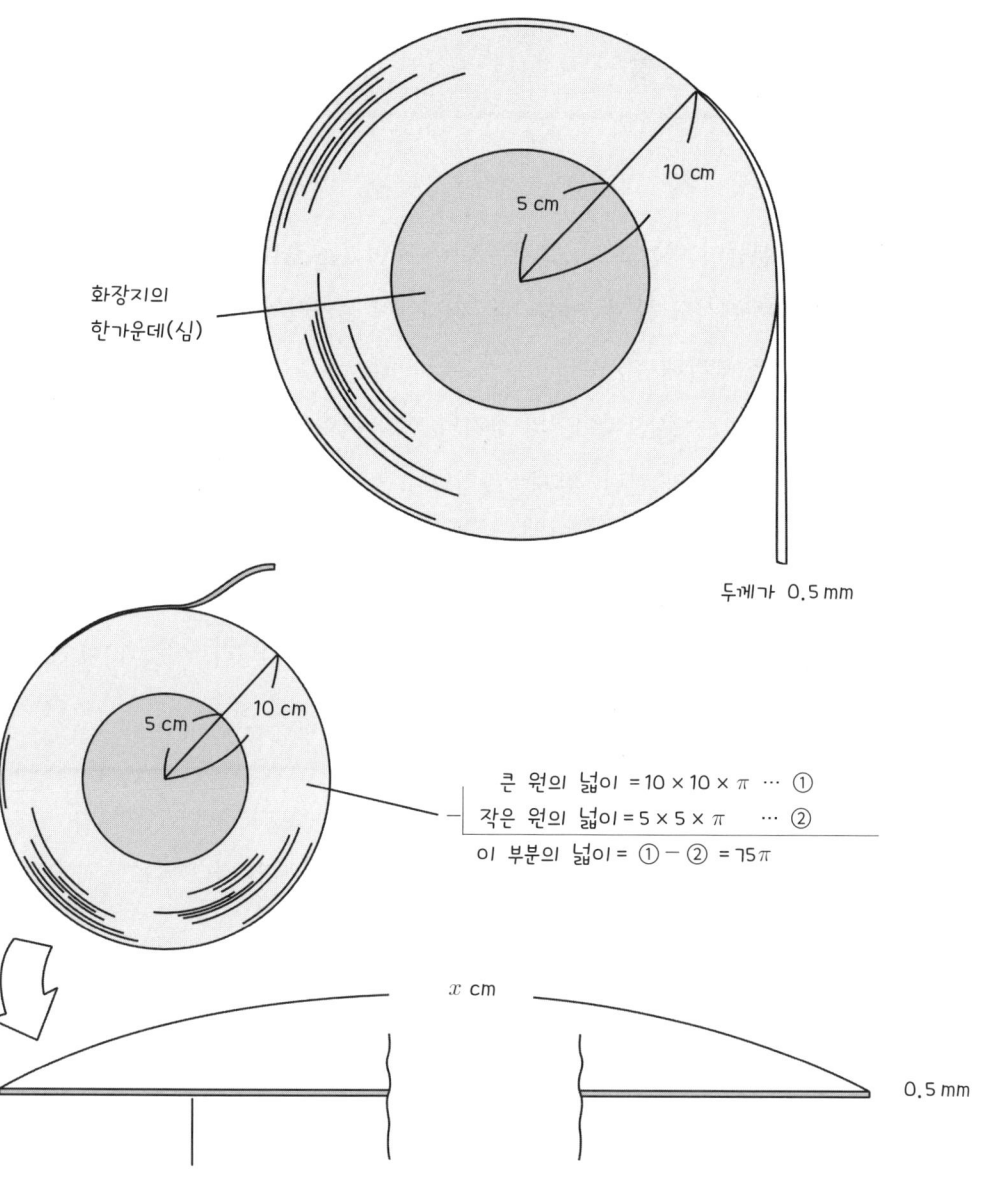

화장지의
한가운데(심)

두께가 0.5 mm

큰 원의 넓이 = 10 × 10 × π ⋯ ①
작은 원의 넓이 = 5 × 5 × π ⋯ ②
이 부분의 넓이 = ① − ② = 75π

x cm

0.5 mm

가늘고 긴 직사각형이므로 이 넓이는 $0.05x \, (\text{cm}^2)$
따라서 $0.05x = 75\pi$이므로
$x = 1500\pi \,(\text{cm})$
$\quad \fallingdotseq 1500 \times 3.14 = 4710 \,(\text{cm}) \fallingdotseq 47 \,(\text{m})$
답 : 47 m

제2장 극한의 세계로 들어가다

도넛의 안과 밖

평소 여러분들이 먹는 도넛, 그것은 아주 재미있는 형태입니다. 도넛 모양은 타이어, 형광등에서도 볼 수 있습니다. 거기에서 불가사의한 도넛의 부피와 겉넓이의 관계를 생각해 봅시다.

먼저 알 수 있는 것은 타이어의 공기의 양과 타이어에 쓰인 고무의 넓이는 도넛의 부피와 표면과 관련 있다는 것입니다. 도넛이면 밀가루의 양과 표면에 덮이는 설탕의 양과 관계있겠지요.

이 경우에도 잘게 끊어서 부피를 계산하면 그 관계가 분명해집니다. 실은 부피를 테두리의 반지름 r에 관하여 미분한 것이 겉넓이입니다. 이것과 비슷한 관계는 나중에도 나옵니다.

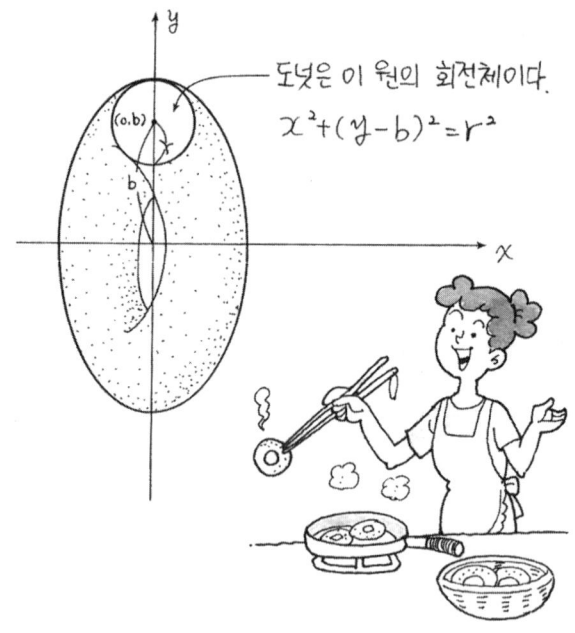

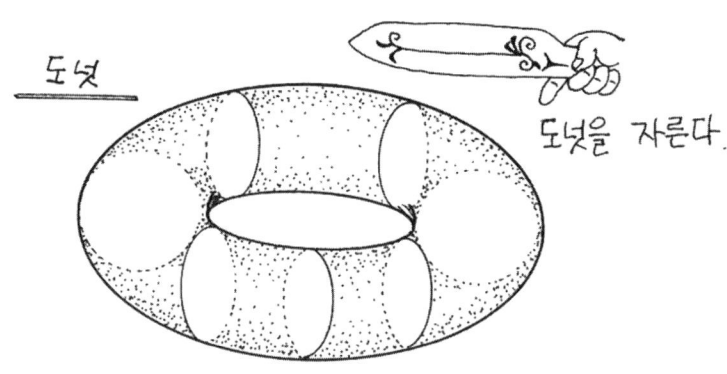

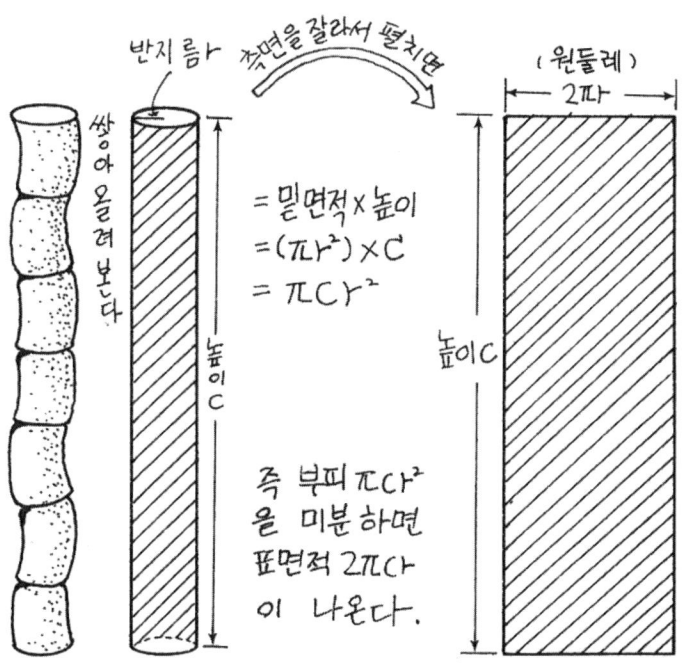

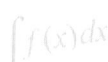

기울기 하나로 그래프를 알 수 있다

이 책의 첫 부분에서 장대높이뛰기의 그래프를 보면서 여러 가지 분석을 해 보았습니다. 그때 최대의 착안점은 "1940년대부터 1960년까지, 그래프가 위로 나아가지 않고 옆으로 나아갔다."입니다.

그러나 1960년경부터 기록이 급격히 좋아진 것은 그래프가 위쪽으로 나아가기 시작한 것으로부터 알 수 있습니다. 이와 같이 "그래프가 옆으로 나아갈까, 위로 나아갈까?"는 중요한 의미가 있습니다.

여기에서 기록 향상의 상태를 잴 수 있는 것으로 "기울기"라는 것을 생각해 봅시다.

기울기는 옆으로 1만큼 나아갔을 때 위로 얼마만큼 나아갈까를 나타내는 것입니다. 즉 기울기가 2라는 것은 위로 그만큼 나아가는 것을 의미합니다. 따라서 기울기는 비율입니다. 옆으로 1만큼 나아갈 동안 위로 0만큼 나아가면 기울기는 0이 됩니다. 또한 −(마이너스)인 경우도 있습니다.

이 기울기 표시방법에 따르면 1940~1960년에 걸쳐 그래프의 기울기는 0에 가까웠다고 수치로 표현할 수 있습니다. 그래서 기록 향상이 뚜렷했을 때는 그래프의 기울기가 큰 곡선으로 나타나며, 정체해 있을 때는 기울기가 작아집니다. 더욱이 기울기가 −(마이너스)가 되어 있을 때에는 감소한다고 말합니다.

"5m의 벽"의 경우에도 그 정도가 0.1이라든가 0.15와 같이 나타낼 수 있습니다.

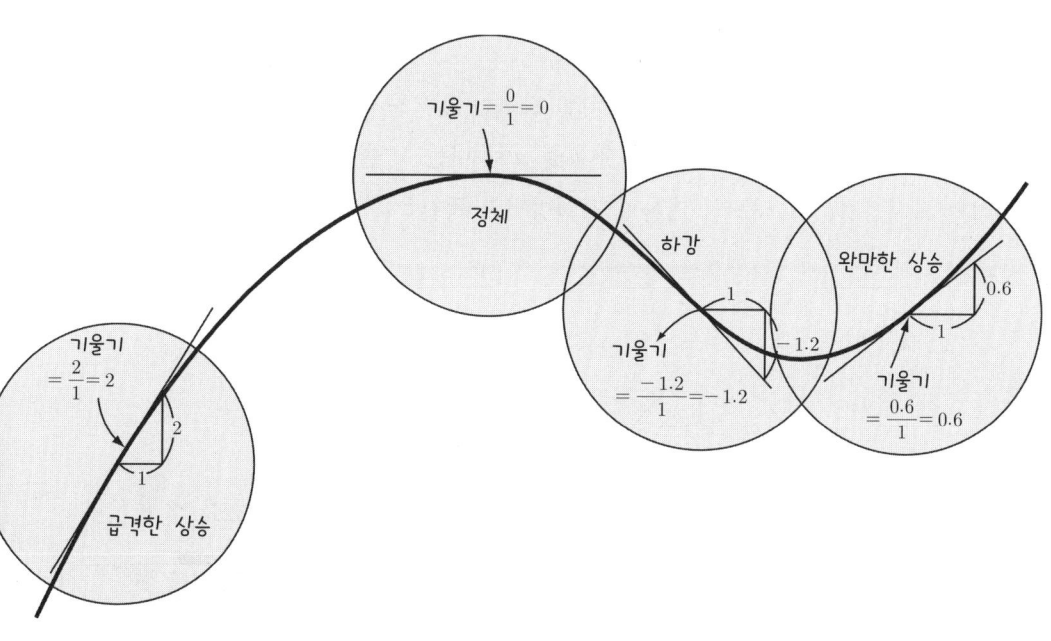

도로 표지판

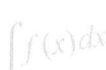

자동차를 운전하는 사람이면 고속도로 등에서 오른쪽 그림과 같은 표지를 본 경험이 있을 것입니다. 비탈길의 기울기를 나타내는 표시이죠. 이 표시 덕분에 폭주사고 등을 막을 수 있습니다.

그런데 이 표지에 "8%"라고 쓰여 있습니다. 이것은 지금 달리고 있는 비탈길은 "100m를 달릴 때 8m를 올라가는 정도의 기울기"라는 것을 나타내는 것입니다.

이와 같이 비탈길의 기울기를 나타낼 때에는 옆으로 움직인 거리를 a라 하고 그동안 올라간 거리를 b라 할 때 b를 a로 나눈 $\frac{b}{a}$를 사용합니다. 이 기울기의 표시방법은 그래프의 기울기 표시방법과 똑같음을 알 수 있을 것입니다.

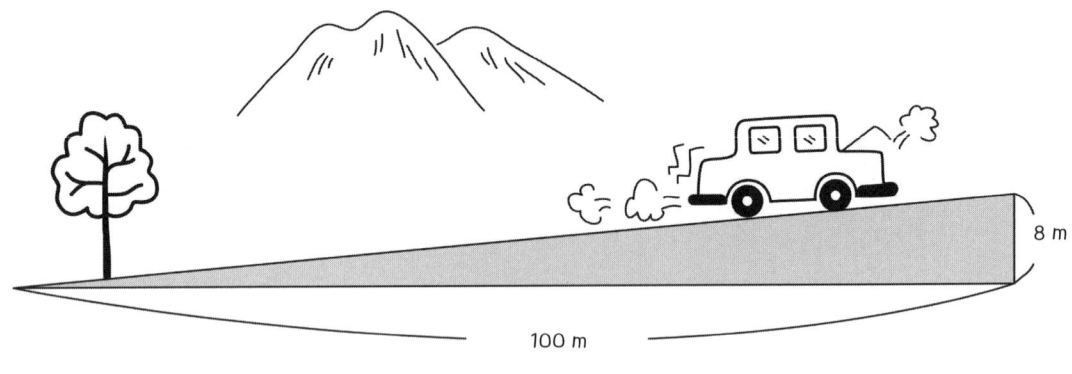

이와 같은 오르막길의 의미를 $\frac{8}{100}$이라고도 쓴다.

오르막길을 나타내는 표시

아킬레우스는 거북을 따라잡을 수 없다?

기원전 5세기 그리스 시대에 소피스트라는 집단이 있었습니다. 그들은 교묘한 말로 사람을 꼼짝 못하게 하곤 했지만 그중에서도 제논이 말한 패러독스는 수학자를 긴 세월 동안 괴롭혀온 것으로 알려져 있습니다.

그중의 하나가 "아킬레우스는 거북을 따라잡을 수 없다"는 것입니다. 아킬레우스는 그리스 신화에 나오는 굉장히 빠른 신입니다. 그런데 그가 걸음이 느린 거북을 따라잡을 수 없다는 것은 이상한 이야기입니다. 제논의 이야기를 들어봅시다.

"아킬레우스의 속도는 거북의 10배라 하고 100m 경주를 한다고 합시다. 거북은 느리므로 10m 앞에서 출발시킵니다(그래도 곧 따라잡겠지요).
그럼 아킬레우스가 거북이 있는 곳까지 갈 동안 거북은 아킬레우스의 $\frac{1}{10}$ 속도이므로 원래의 장소에서 1m 나아가게 되겠지요. 또 아킬레우스가 그곳까지 갈 동안 거북은 10cm 더 나아가게 됩니다. 또 아킬레우스가 그곳까지 가면 거북은 1cm 앞서 있습니다. 또 ……. 이렇게 하여 아킬레우스가 거북이 있는 곳까지 갈 동안 거북은 반드시 조금 앞에까지 가므로 절대로 따라잡을 수 없습니다."

이 논리가 성립하지 않는 것은 금방 알 수 있습니다. 그러나 어떻게 설명하면 제논을 설득할 수 있겠습니까?

나는 화살은 정지해 있다?

제논의 패러독스로서 유명한 것을 하나 더 소개하겠습니다. 그것은 "나는 화살은 정지해 있다."는 엉뚱한 것.

참고로 그리스 시대 초기에는 "직선은 무한히 작은(그러나 길이는 있는) 유한 개의 점으로 되어 있다."고 생각하였다는 것을 알아두길 바랍니다.

지금 화살이 A에서 B로 향하고 있습니다. 화살은 B에 도달하기 전에 중간점 C를 통과해야 합니다. 그러나 화살이 C를 통과하기 위해서는 그 중간점 D를 통과해야 합니다. 화살이 D를 ……. 시간은 무한히 작게 분할할 수 있으므로 결국 화살은 출발지점에서 조금도 나아갈 수 없다는 것입니다.

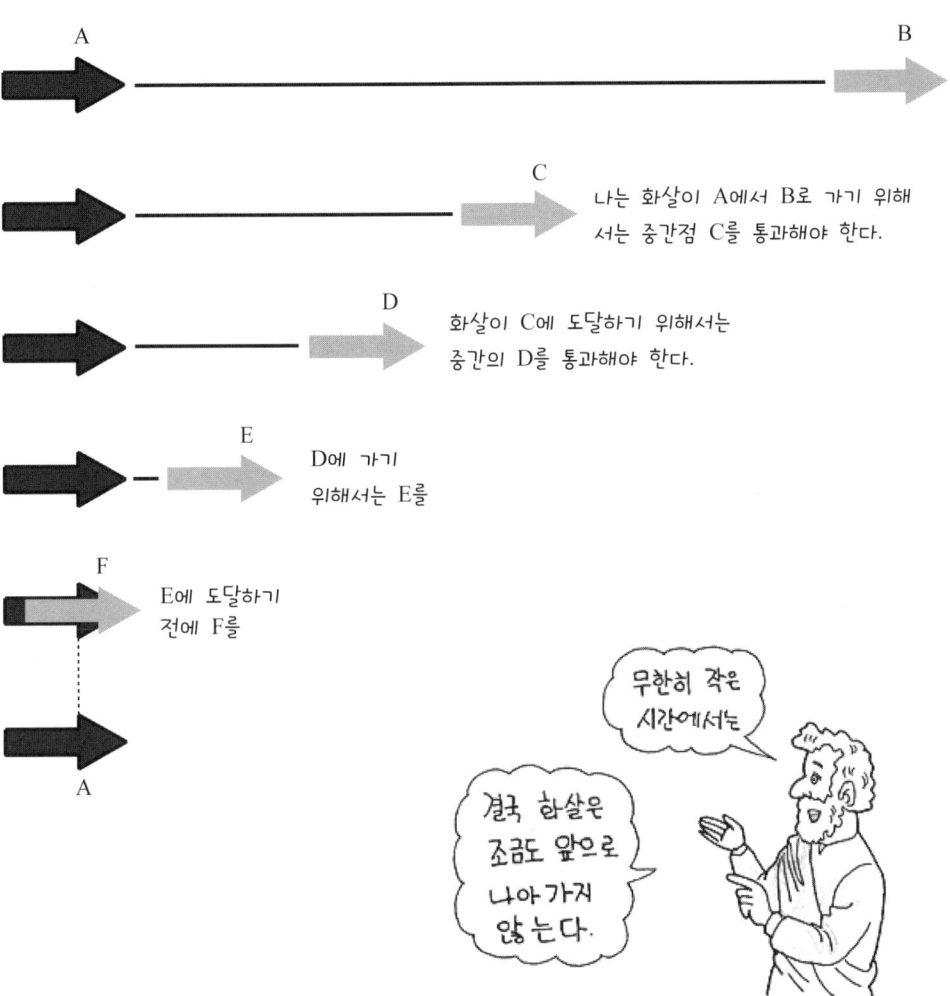

제2장 극한의 세계로 들어가다

아킬레우스는 언제 거북을 앞지를까

두 개의 패러독스 "아킬레우스와 거북", "나는 화살은 정지해 있다"를 소개했는데 어떻게 생각했습니까?

먼저 아킬레우스와 거북의 경주에서 아킬레우스가 어디에서 추월할 것인가를 계산해 봅시다. 간단히 계산하기 위해 아킬레우스의 속도를 초속 10m라 합시다(이것은 칼 루이스와 비슷한 정도인데, 전설 속 아킬레우스는 훨씬 더 빨랐다고 합니다). 그러면 거북의 속도는 아킬레우스의 $\frac{1}{10}$ 이라 하였으므로 초속 1m 가 되겠죠. 거북에게는 너무 빠른 것 같습니다만 어디까지나 가정입니다.

아킬레우스가 거북을 추월하는 지점을 그림과 같이 A라 합시다. 출발지점으로부터 A까지의 거리를 xm 라 두고 식을 세우면, 아킬레우스가 A까지 가는 데 필요한 시간은 $\frac{x}{10}$ 초이며, 거북이 그곳$(x-10)$까지 가기 위해 필요한 시간은 매초 1m 의 속도이므로 $x-10$ 초입니다.

아킬레우스와 거북은 같은 시간에 A에 도달하므로 $\frac{x}{10}$ 초와 $x-10$ 초는 일치해야 합니다. 따라서 $x-10 = \frac{x}{10}$ 라는 방정식을 풀면 x, 즉 실제로 앞지르는 지점이 정해지는 것이죠.

계산상으로는 제논의 패러독스는 확실히 틀렸음을 알 수 있습니다. 다음에서는 이 얘기를 더욱 상세히 살펴보겠습니다.

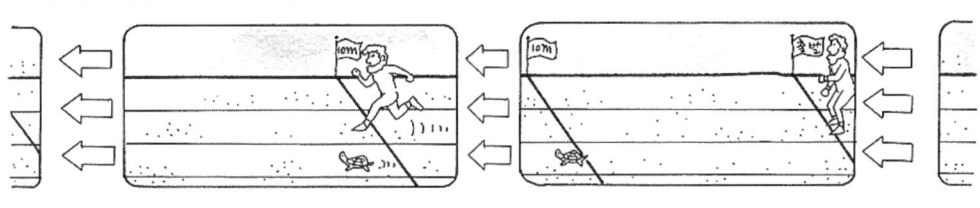

떨어져 있는 두 사람이 어느 지점에서 만날까를 조사하기 위해서 두 사람이 만날 때 (또는 추월하는) 까지의 시간을 알면 그 사이의 거리도 알 수 있다.

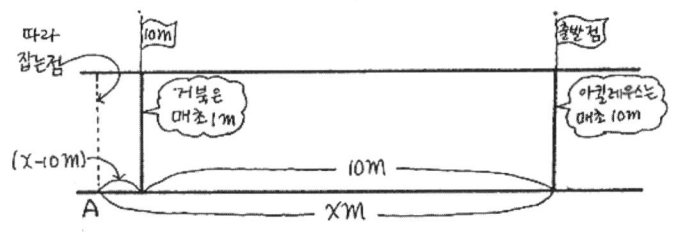

- 아킬레우스가 x m에 도달하는 시간 : $\frac{x}{10}$ 초
- 거북이 $(x-10)$ m 만큼 전진하는 시간
  : $\frac{(x-10)}{1} = (x-10)$ 초

위 두 시간이 당연히 일치하므로

$\frac{x}{10} = x - 10$ ∴ $x = \frac{100}{9} ≒ 11.1$ m

제2장 극한의 세계로 들어가다

제논의 역설 반박

연립방정식의 해는 그래프에서도 볼 수 있습니다. 앞의 아킬레우스와 거북과의 경주를 그래프로 나타내 봅시다. 시간을 x축으로, 출발지점으로부터 거리를 y축으로 합니다. 거북의 그래프는 y축의 10을 지나고(거북은 10m 앞에서 출발하였으므로) 기울기가 1(매초 1m)인 직선입니다.

한편 아킬레우스의 그래프는 원점을 지나고 기울기가 10(매초 10m)인 그래프입니다. 두 그래프의 교점으로부터 아킬레우스가 거북을 따라잡는 시간과 장소(거리)를 알 수 있습니다.

이와 같은 그래프를 어디에서 본 적이 있나요? 열차의 시간표를 만들 때 쓰이는데, 그래프를 보면 어느 역에서 언제 어느 열차를 앞지를까 하는 것을 일목요연하게 알 수 있습니다.

두 그래프가 만나는 점의 높이(y의 값)가 따라잡는 점 A의 장소를 나타내며, 또한 그 점의 위치로부터 따라잡는 데 걸리는 시간(x의 값)도 알 수 있죠.

이 그래프로 제논의 패러독스의 의미를 확실히 알 수 있습니다. 제논은 65쪽 그림의 교점 가까이에서 무한히 미세하게 아킬레우스를 거북에 다가가게 하는 조작을 한 것에 지나지 않는 것입니다. 그 미세한 거리를 전부 더해서 극한을 취하면 63쪽의 A까지의 거리인 것입니다.

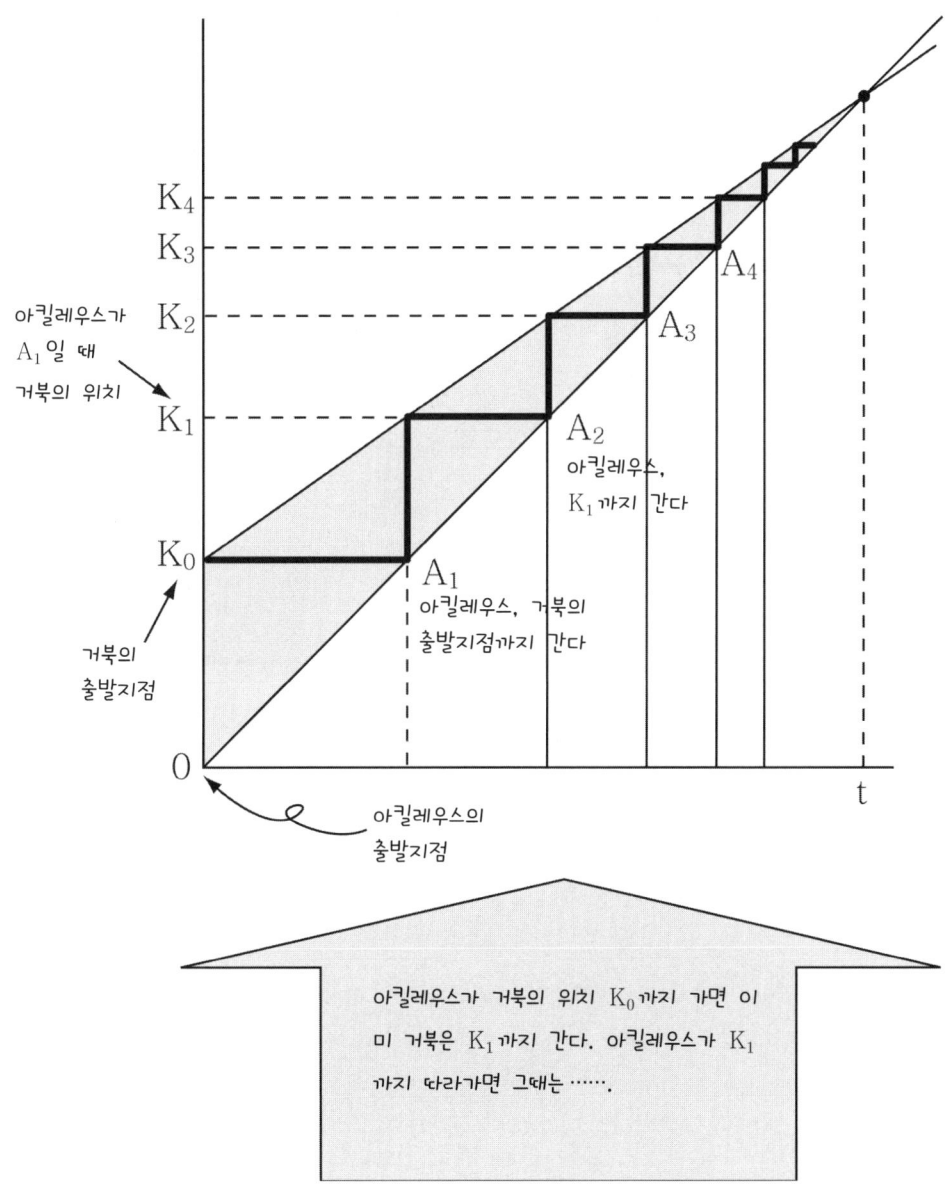

아킬레우스가 거북의 위치 K_0까지 가면 이미 거북은 K_1까지 간다. 아킬레우스가 K_1까지 따라가면 그때는 …….

나는 화살은 정지한 화살로 잡는다

"나는 화살"도 그래프로 설명하는 것이 가능합니다.

먼저 x축에 시간, y축에 나는 거리를 표시합니다. 여기에서 시간이 순간, 즉 충분히 작은 시간이 되면 당연히 나아가는 거리도 작아지고 각 순간에는 정지해 있다고 해도 좋을지도…….

그러나 "정지한 화살"과 "나는 화살"의 그래프를 비교해 보십시오. 확실히 다릅니다. 직선의 기울기가 전혀 다르죠. 시간을 점점 작게 하여도 기울기는 변하지 않습니다. 원래 직선의 기울기는 시간과 그 시간에 나아간 거리의 비를 표시하고 그것이 바로 속도였죠. "기울기가 있다"는 것은 화살이 조금씩 움직이고 있다는 것을 의미합니다.

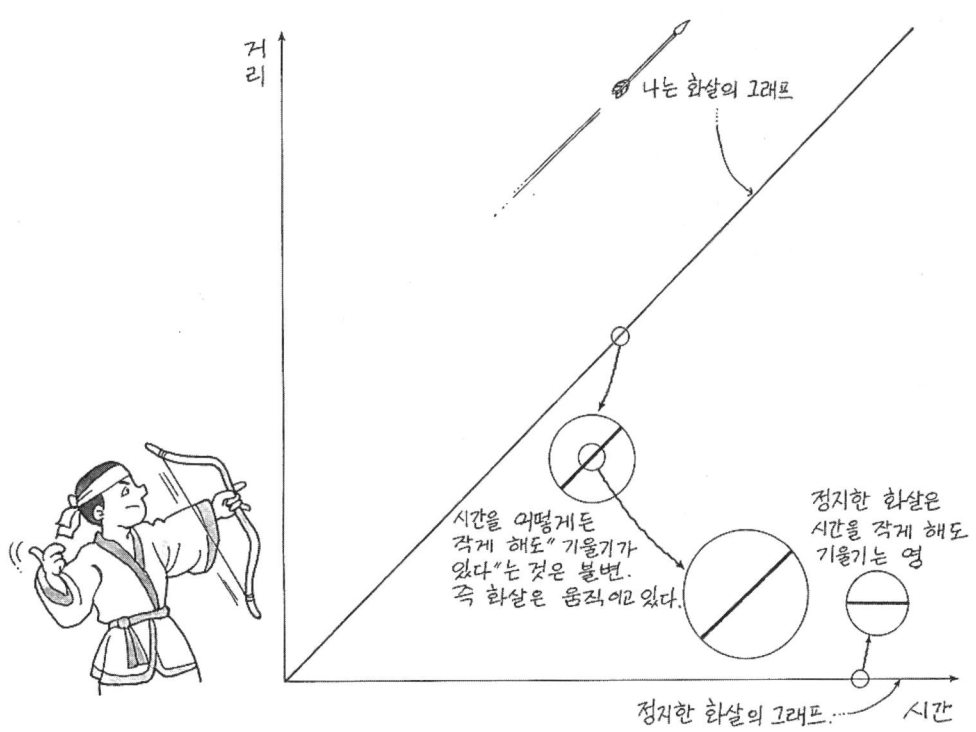

■ 라이프니츠(Gottfried Wlilhelm Leibniz, 1646-1716, 독일)

　만능의 천재 라이프니츠. 그에게는 굉장히 극단적인 발상이 있었습니다. 그것은 "철학의 수학화"라는 것입니다. 이것은 "두 사람의 철학자는 논쟁할 필요가 없다. 계산하는 사람과 같이 서로 연필을 가지고 종이를 향해 "자, 계산"이라고 말하면 충분하다."고 말한 것에서도 알 수 있습니다. 이것이 유명한 "라이프니츠의 꿈"입니다. 언어는 불필요하며 수학적인 식이 있으면 된다는 발상 때문에 그는 수학기호를 만드는 명인이 되었습니다. 적분기호 "$\int$"도 그의 고안입니다.

　그는 뉴턴과 동시대에 태어나서 비슷한 시기에 미분적분학의 기본정리를 발견했고 이 때문에 어느 쪽이 먼저 발견했는지 영국과 대륙 사이의 논쟁이 일어나고 불행한 분열 상태가 계속되었던 적도 있습니다. 그 후 대륙학파가 융성하고 영국학파가 정체되었던 원인 중에는 라이프니츠에 의한 적분$\left(\int\right)$ 등의 기호의 정비가 있었다고 합니다. 라이프니츠의 꿈이 도움이 되었던 거죠.

제 3 장
곡선의 어느 곳에나 미분이 있다

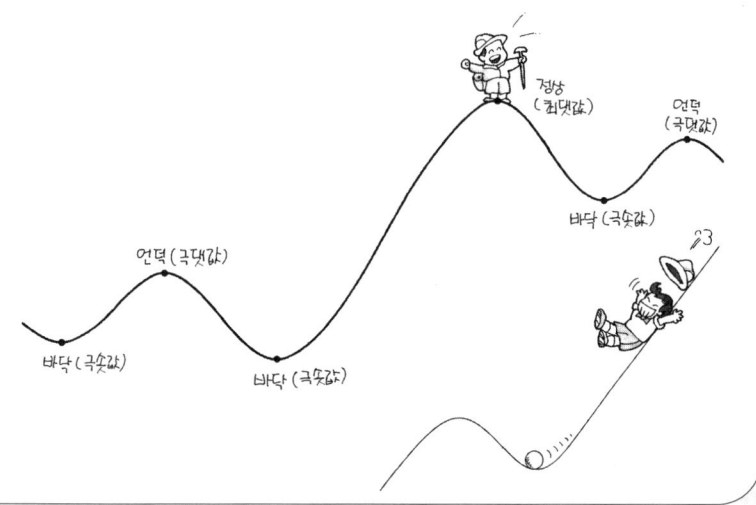

변하는 속도를 어떻게 측정할까

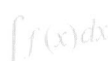

조금 전 화살의 운동에서는 순간속도와 나는 동안의 평균속도가 같았습니다. 그것은 결국 직선의 기울기에 대응하였습니다. 화살의 운동에서는 거의 속도가 변하지 않았으므로 그랬던 것입니다.

그러나 엄밀히 생각해 보면 공기 저항이 있으므로 화살의 속도가 조금씩 변합니다. 일반적으로는 속도가 일정하지 않은 경우가 꽤 많습니다. 특히 혼잡한 시가지를 달릴 때 자동차의 속도는 굉장히 떨어지죠.

따라서 속도가 점점 변하는 경우에도 쓰일 수 있는, 일반적으로 속도에 통용되는 사고방식이 필요합니다. 이럴 때에는 앞서 설명했다시피 "충분히 작게 하는 것, 즉 그 곡선의 부분을 크게 확대하여 그곳에서의 속도를 보면 된다."는 것입니다.

그림에서 보듯이 매끄러운 곡선은 충분히 확대하면 거의 직선이 됨을 알 수 있습니다. 그래서 속도는 직선의 기울기에서 나오죠. 이렇게 해서 순간속도는 곡선을 현미경으로 확대했을 때 직선으로 간주하고 그 기울기(=접선)를 조사하면 되는 것이죠.

시가지를 달릴 때 속도가 일정하다면
직선의 기울기가 속도이다.
그러나 일정한 속도란 있을 수 없다.
그러면 속도가 변할 때는?

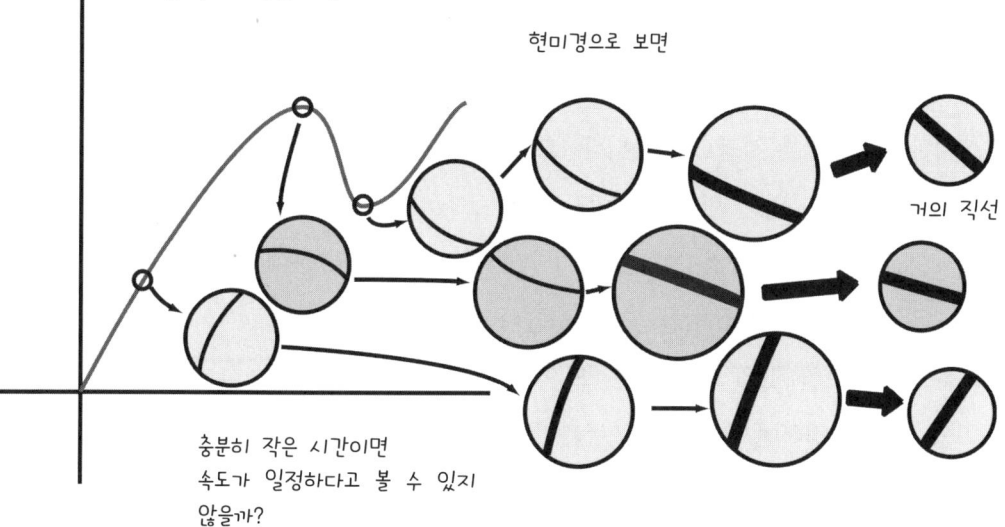

현미경으로 보면

거의 직선

충분히 작은 시간이면
속도가 일정하다고 볼 수 있지
않을까?

제3장 곡선의 어느 곳에나 미분이 있다

순간속도를 어떻게 구하지

"평균속도"에서 "순간속도"로의 예를 하나 생각해 봅시다.

으슥한 곳에서의 과속 단속은 잘 알고 있죠. 이것은 속도를 많이 낸 자동차를 으슥한 곳에서 단속하는 것입니다. 이 방법은 정당하지 못하다고 느껴서일까 운전하는 사람들 사이에는 평판이 좋지 않습니다.

이 때문에 잡히는 쪽에서는 안 잡히기 위하여 레이더 탐지기를 자동차에 장치하여 대항하는 사람도 있습니다. 그러면 이번에는 경찰 쪽에서도 그 탐지기로는 탐지되지 않는 방법을 개발하고 …….

이것은 끝이 없는 경쟁이 될 것입니다. 결국은 차의 흐름에 맞게 무리한 속도를 내지 않는 것이 제일인지도 모릅니다.

그럼 중요한 것은 그 속도를 재는 방법입니다만 비교적 정확한 것은 "일정한 구간을 정하여 그 구간의 통과시간을 측정"하는 방법입니다. 예를 들면 100m 구간을 5초에 통과했다면 시속은 72km 입니다. 이것은 그 구간의 평균속도를 계산한 것입니다. 따라서 다음의 그림과 같이 계측구간을 점점 축소하면 이 평균속도가 순간속도에 가까이 가게 되는 것입니다.

즉 순간속도는 평균속도를 생각하고 그 구간을 굉장히 짧게 하였을 때의 극한인 것입니다. 이 계산을 위한 식은 구간의 길이를 h 라 했을 때 다음 쪽의 아래에 있는 식과 같이 됩니다. 여기서 h를 한없이 0에 가까이 가게 했을 때의 값이 "순간속도"가 되는 것입니다.

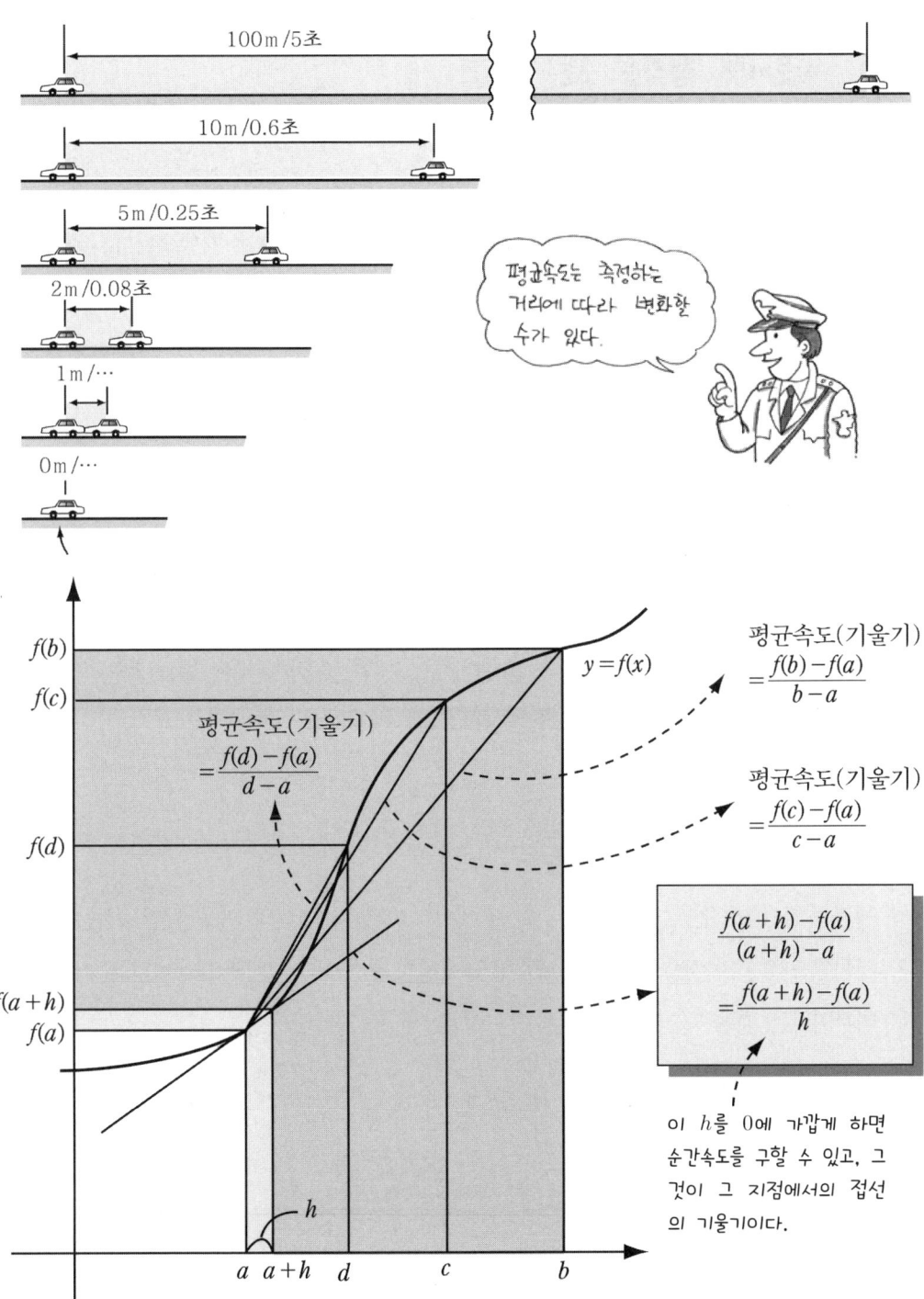

미분이란 접선을 긋는 것

 이번 장의 처음 부분에서 두 개의 순간속도의 계산방법을 소개했습니다. 두 개 다 순간속도이기 때문에 같아야 합니다. 실제로 두 개를 비교해 봅시다.
 평균속도의 극한으로써 계산한 순간속도는 충분히 가까운 두 점 사이를 잇는 직선의 기울기가 됩니다. 그런데 이 곡선을 점점 확대하여 현미경으로 들여다보면 충분히 가까운 두 점을 포함하고 있는 곡선은 거의 직선으로 보입니다. 이 사실은 두 점을 잇는 직선과 일치한다는 것입니다. 즉 그 정도로 가깝게 하면 평균속도의 기울기와 곡선의 일부분을 직선으로 간주한 기울기가 일치한다는 것입니다. 이렇게 해서 두 개의 순간속도가 일치함을 알 수 있습니다. 그래서 극한의 직선을 그린 후 현미경을 떼어내고 보면 직선이 되어 있는 것을 알 수 있습니다. 즉 순간속도는 그 점에서의 "접선의 기울기"를 구하는 조작인 것입니다. 거꾸로 식

$$\frac{f(a+h)-f(a)}{h}$$

에서 h를 0에 접근하는 조작은 그 점에서 그래프의 접선의 기울기를 구하는 것이었습니다. 이것을 $y=f(x)$의 점 a에서의 미분이라 말합니다. 이와 같이 미분이라는 것은 그 그래프의 접선의 기울기를 정하는 조작이라고 생각할 수 있습니다.

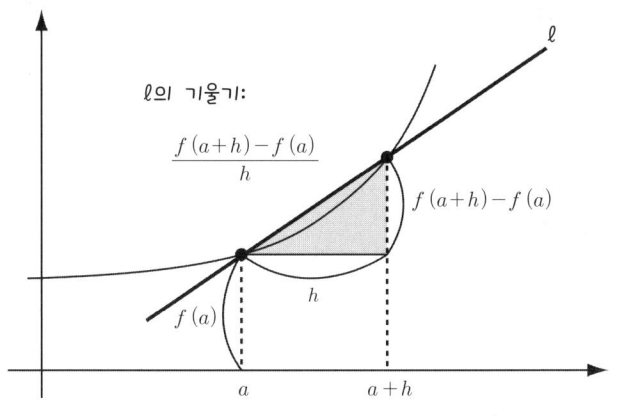

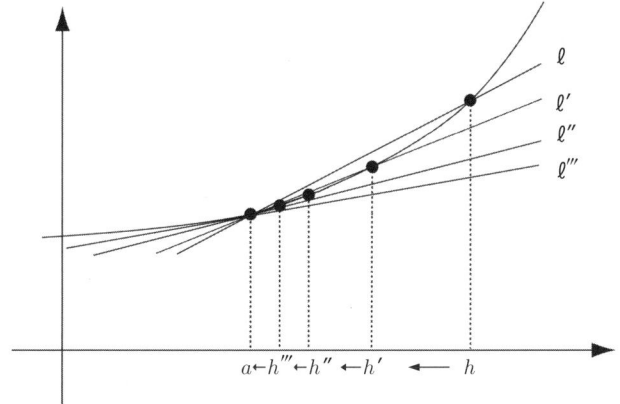

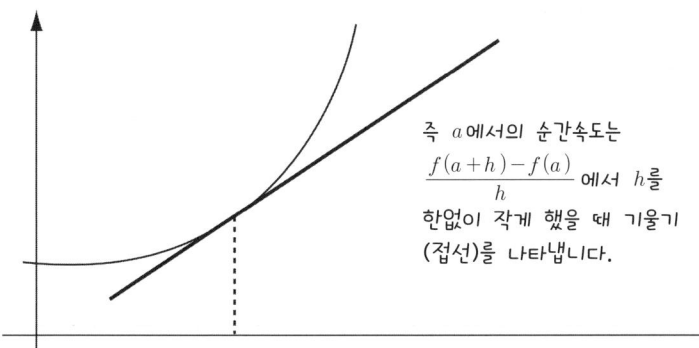

즉 a에서의 순간속도는 $\dfrac{f(a+h)-f(a)}{h}$에서 h를 한없이 작게 했을 때 기울기 (접선)를 나타냅니다.

제3장 곡선의 어느 곳에나 미분이 있다

도함수, 넌 대체 뭐야

바로 앞에서는 어떤 한 점에서 그래프 접선의 기울기를 구하는 조작을 하였습니다. 그래프를 분석할 때에는 하나의 점에서의 접선만이 아니고 모든 점에서의 접선의 기울기를 계산해 보는 것이 좋을 때가 많이 있습니다.

예를 들면 어느 부근에서의 극대나 극소는 주식 매매에 중요한 구실을 하고 있죠. 주식의 극댓값 또는 극솟값에서는 접선의 기울기가 0 입니다. 따라서 그런 점을 알기 위해서는 "접선의 기울기가 0 인 곳"을 조사하면 되는 것입니다.

어떤 함수 $f(x)$에 대하여 각 점 x에서의 접선의 기울기를 알 수 있는 함수를 $f'(x)$로 씁니다. 이것은 원래의 함수에서 "유도한 함수"이므로 도함수라고 말합니다. 또한 "$f'(x)$는 $f(x)$를 미분하여 얻는다."라든지 "$f(x)$를 미분하면 $f'(x)$가 된다."고 말합니다. 표현방법 때문에 머리가 아프겠지만 전부 같은 표현이므로 마음에 드는 표현을 사용하면 됩니다.

예를 들면 다음 그림에서는 위의 함수 $y = f(x)$의 접선의 기울기를 조사하고 밑으로 사영하여 도함수 $y = f'(x)$의 그래프를 그려본 것입니다.

아래의 도함수의 값이 0 이 되는 것은 원래 그래프의 기울기가 0 인 곳입니다. 거기에서 위의 원래 함수가 확실히 극대나 극소가 되는 것을 확인해 보기 바랍니다.

일반적으로 도함수에서 극대 또는 극소를 조사하여 원래 함수의 그래프의 개형을 그립니다. 이것은 뒤에 설명하겠습니다.

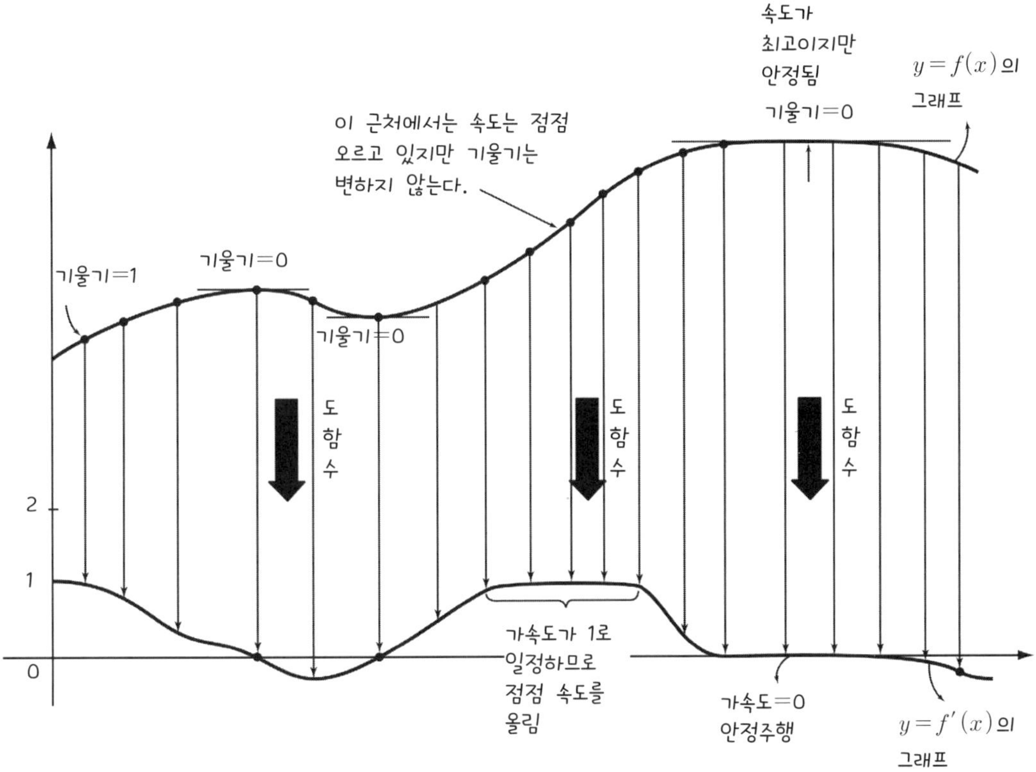

속도가
최고이지만
안정됨 $y=f(x)$의
기울기=0   그래프

이 근처에서는 속도는 점점
오르고 있지만 기울기는
변하지 않는다.

기울기=1
기울기=0
기울기=0

도함수 도함수 도함수

2
1
0

가속도가 1로
일정하므로
점점 속도를
올림

가속도=0
안정주행 $y=f'(x)$의
              그래프

$y=f(x)$의 각 점에서의
접선의 기울기. 이것을 그려서
유도하는 것이 도함수,
즉 위의 $f'(x)$이다.

제3장 곡선의 어느 곳에나 미분이 있다

1차함수 미분하기

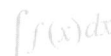

그럼 간단한 함수 몇 개를 미분하고 그 도함수가 어떻게 되는지 구하여 봅시다. 먼저 다음의 1차함수입니다(다음 쪽 제일 위 그림).

$$f(x) = bx + c$$

이것은 반드시 직선이 되죠. 그리고 그 접선은 직선과 일치하고, 기울기는 x의 계수인 b입니다. 따라서 도함수는

$$f'(x) = b \quad \cdots\cdots (1)$$

입니다(다음 쪽 두 번째 그림).

여기에서 원래 함수 $f(x)$의 x의 계수가 0일 때($b = 0$)에는 상수함수라 말합니다. 이때 $f'(x) = 0$입니다. 즉

$$f(x) = c \;\Rightarrow\; f'(x) = 0$$

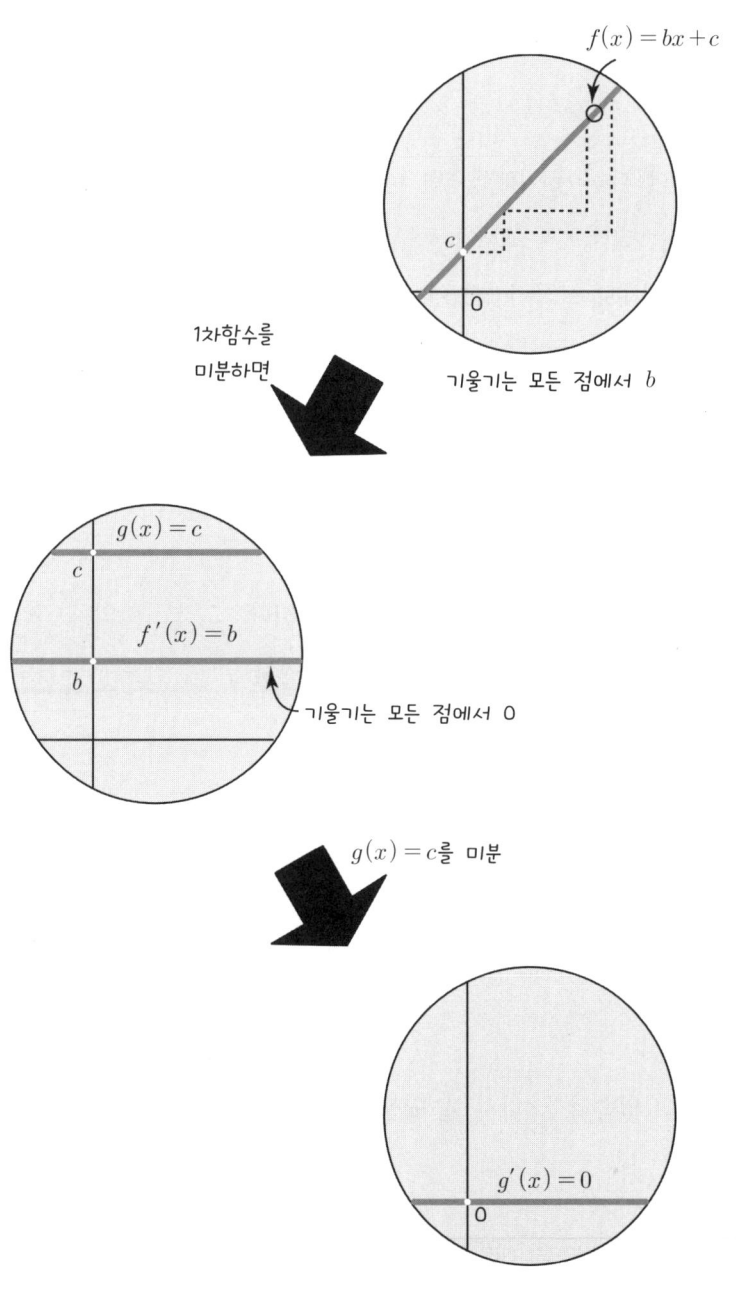

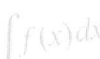

2차함수를 미분하면

1차함수에 대하여 이해했으면 다음은 2차함수.

2차함수는 그래프의 모양이 포물선 형태이고 고대 그리스 시대부터 연구되어 왔습니다. 실제로 포물선(抛物線)이란 이름과 같이 이 곡선의 모양은 물건을[物] 던졌을[抛] 때 생깁니다.

따라서 그 궤적은 야구장에서 늘 보는 공의 궤적입니다. 2차함수 중에서도 가장 간단한 다음 형태의 함수를 미분해 봅시다.

$$f(x) = x^2$$

먼저 이 함수의 그래프를 예쁘게 그려둡시다. 그리고 x의 값 $0, \pm 1, \pm 2, \cdots$ 에서 접선을 그으면, 그 기울기가 얼마인지 알 수 있습니다. 즉 기울기는 $0, \pm 2, \pm 4, \cdots$ 가 됩니다.

x	$\cdots$	-2	-1	0	1	2	$\cdots$
$f'(x)$	$\cdots$	-4	-2	0	2	4	$\cdots$

따라서 이 접선의 기울기를 나타내는 함수는

$$f'(x) = 2x$$

임을 알 수 있습니다. 다시 말하면 $f(x) = x^2$을 미분하면 그 도함수는

$$f'(x) = 2x \cdots\cdots (2)$$

입니다. 이것은 평균속도의 극한 계산으로도 확인할 수 있습니다.

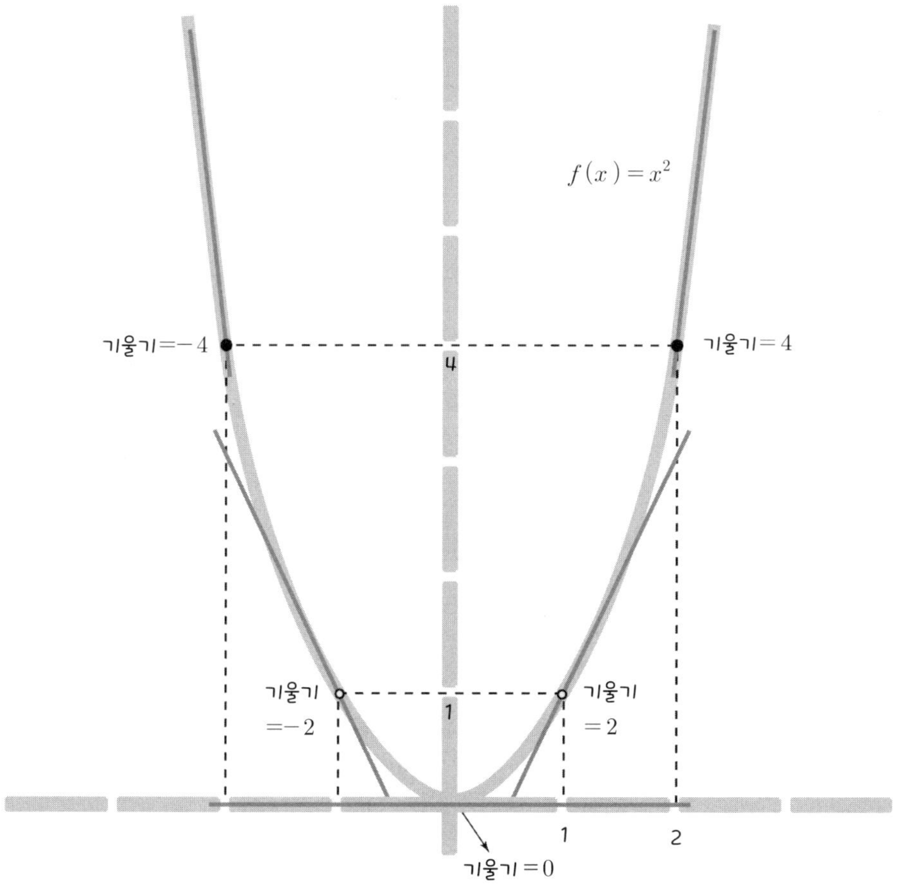

기울기 $=-4$ ┄┄┄┄┄┄┄ 기울기 $=4$

$f(x)=x^2$

기울기 $=-2$ ┄┄┄┄┄┄┄ 기울기 $=2$

기울기 $=0$

계산해 보면

$$\frac{f(a+h)-f(a)}{h}$$
$$=\frac{(a+h)^2-a^2}{h}$$
$$=\frac{(a^2+2ah+h^2)-a^2}{h}$$
$$=\frac{(2ah+h^2)}{h}=\underline{2a}+h$$

h가 작아지면 $2a$가 된다.

포물선의 궤적

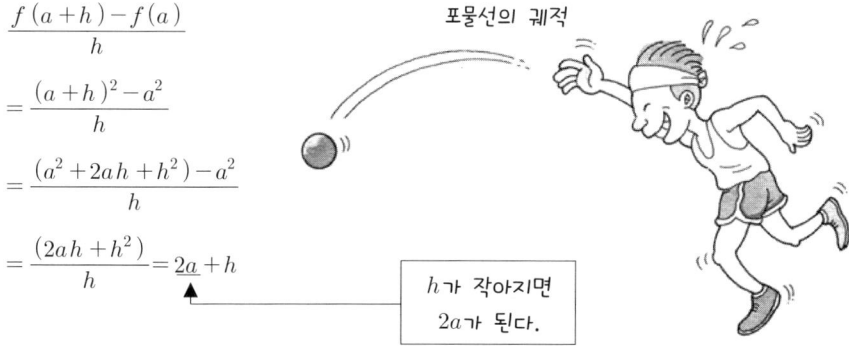

제3장 곡선의 어느 곳에나 미분이 있다

3차함수는?
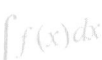

    3차함수는 x^3의 항을 포함하는 함수입니다. 2차함수에서 그래프 모양이 포물선이었지만, 3차의 그래프에서는 일상적으로 보이는 것이 없습니다. 그러나 최댓값, 최솟값을 계산할 때 자주 등장하므로 중요한 함수입니다.

    그중에서도 가장 간단한 형태는

$$f(x) = x^3$$

입니다. 이것에 대하여 조금 전과 마찬가지로 각 점에서 접선을 그어서 접선의 기울기로 함수의 도함수를 추측하여 봅시다.

    먼저 이 함수를 다음 그림처럼 깨끗하게 그립니다. 그리고 몇 개의 점에서 접선을 그어서 그 기울기를 봅니다.

    이 그림에서는 $0, \pm1, \pm2$의 점에서 그려보았습니다. 이때 기울기가 각각 0, 3, 12가 되었습니다.

x	...	-2	-1	0	1	2	...
$f'(x)$	...	-12	3	0	3	12	...

이런 관계를 만족하는 함수는

$$f'(x) = 3x^2 \quad \cdots\cdots (3)$$

으로 추정할 수 있습니다. 여기에서는 쓰지 않았지만 평균속도의 극한 계산법으로 계산하면 실제로 그렇게 됩니다. 직접 확인해 봅시다.

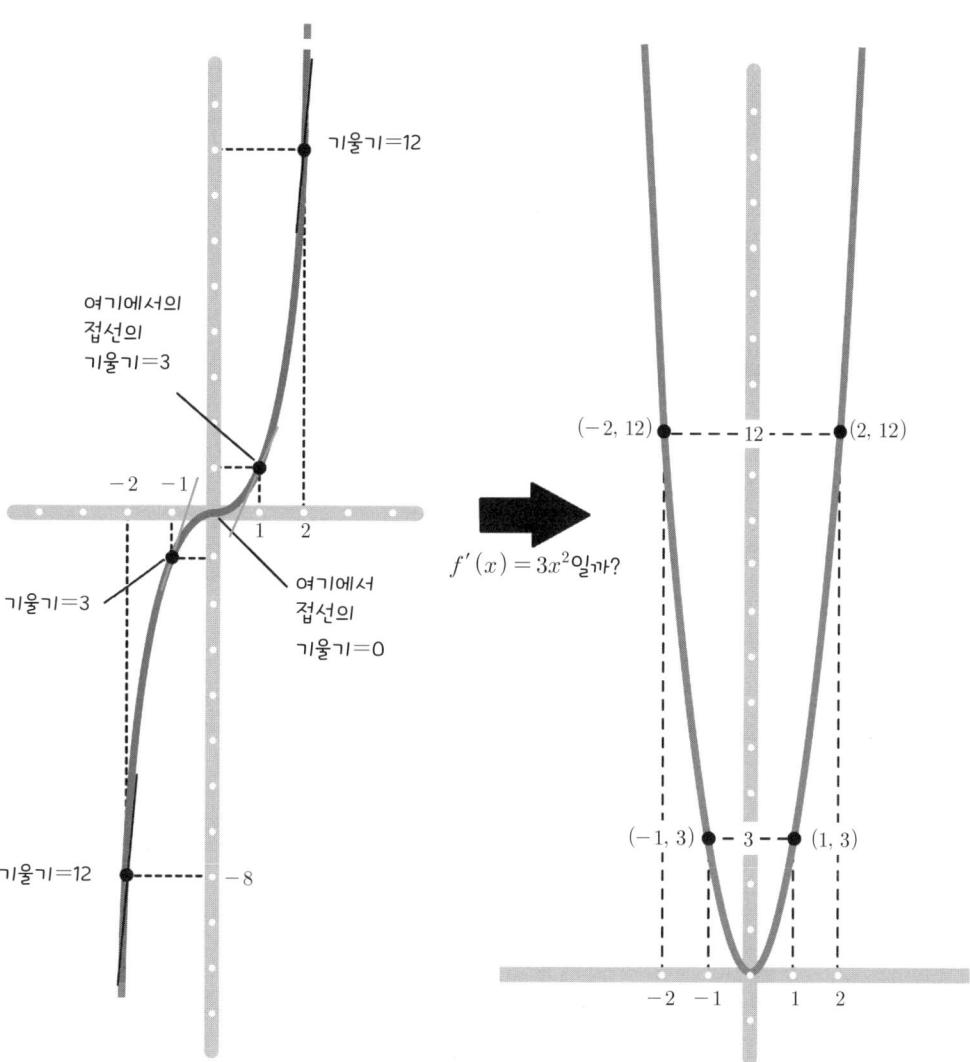

제3장 곡선의 어느 곳에나 미분이 있다

이것이 미분공식

지금까지 나온 식 (1), (2), (3)을 한 번 더 나란히 써봅시다. 1차식, 2차식, 3차식과 그 도함수를 나란히 쓴 것입니다. 단 (1)의 $y = bx + c$에 대해서는 편의상 $y = x$로 생각했습니다. 또한 1은 x^0과 같으므로 x^0이라 썼습니다. 또한 x는 x^1로 표기하였습니다.

그림 아래의 표를 보십시오. $f(x)$와 $f'(x)$ 두 개 사이의 관계, 규칙성을 알 수 있을 것입니다. 위아래 숫자를 잘 비교하세요.

$$
\begin{aligned}
&(1)\text{에서 } f(x) = x^1 \rightarrow f'(x) = 1 (= 1 \times x^0) \\
&(2)\text{에서 } f(x) = x^2 \rightarrow f'(x) = 2x \\
&(3)\text{에서 } f(x) = x^3 \rightarrow f'(x) = 3x^2 \\
&\qquad\qquad\vdots \qquad\qquad\qquad \vdots \\
&\qquad\quad f(x) = x^n \rightarrow \quad ?
\end{aligned}
$$

그렇죠. "x^n의 미분"은

① 어깨에 있는 n을 내려서 x에 곱하고,

② 어깨에는 1을 뺀 $(n-1)$을 x에 거듭제곱한 것이지요. 즉

$$f(x) = x^n \Rightarrow f'(x) = nx^{n-1}$$

이 됩니다.

여기에서는 생략합니다만 실제로 여러 가지 방법으로 이것을 증명할 수 있습니다. 과학에서는 이와 같이 간단한 몇 개의 예에서 전체의 규칙성을 추측하는 것이 중요합니다. 이것을 귀납적 추론이라고 말합니다.

그렇지만 추측만으로는 엄밀할 수 없습니다. 어느 곳까지는 규칙적이지만, 도중에 모양이 변하는 것도 자주 있기 때문입니다. 따라서 추측한 뒤에 그것의 증명을 덧붙이는 조작이 더해집니다.

모페르튀이의 원리

자연계에는 여러 가지 현상이 일어납니다. 그 자연현상을 분석하는 유효한 방법으로서 프랑스의 과학자 모페르튀이는 최소작용의 원리를 제창하였습니다. 그것은 "자연은 가능한 한 편한 길을 택한다."는 것입니다.

이것은 대단히 중요한 생각입니다. "일은 많고 수입은 적다."는 것은 유쾌하지 않죠. 지레의 원리와 같이 쓰는 힘은 최소이고 효과는 절대적으로 보고 싶은 것입니다. 비즈니스의 경우에도 효율이 최대이면서 비용이 최소인 것이 중요한 요소입니다.

그 최댓값, 최솟값을 분석할 때, 미분의 접선은 본질적인 역할을 합니다. 최댓값이면 그곳보다 위에 있는 점이 있을 수 없으므로, 만약 끝점이 아니면 좌우로 시계가 열려 있을 것입니다. 그것은 "접선이 수평"이라는 것을 의미합니다. 즉, 그 최댓값에서 미분의 값은 0이 될 것입니다.

거꾸로 생각하면, 최댓값은 끝점이나 미분의 값이 0이 되는 점 가운데 제일 큰 것을 찾으면 됩니다. 이것은 최솟값에 대해서도 똑같이 생각할 수 있습니다. 최솟값인 점에서 접선이 수평이므로 끝점이나 미분이 0이 되는 점 가운데 제일 작은 것을 택하면 됩니다.

제3장 곡선의 어느 곳에나 미분이 있다

 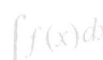

바닥은 극솟값, 꼭대기는 극댓값

실은 앞의 "최소작용의 원리"에 대해서 조금 보충 설명할 부분이 있습니다.

다음의 그림처럼 언덕에서 구슬을 굴렸다고 합시다. 구슬은 위치 에너지가 최소인 방향으로 굴러갑니다. 그렇지만 최솟값이 되기 전에 움푹 파인 곳이 있으면 거기서 정지하는 일도 있습니다. 물은 밑으로 흐르는데 그림과 같이 높은 산 위에 호수가 생기는 것도 움푹 파인 곳에 물이 머물기 때문입니다.

따라서 자연계의 모양을 살펴볼 때에는 최솟값만이 아니고 "움푹 파인 곳"이나 "언덕의 꼭대기"에 대해서도 조사해 보아야 합니다.

그것은 그래프도 마찬가지입니다. 그래프의 모양을 잘 파악하기 위해서는 파인 곳과 언덕의 상태를 알아야 합니다. 움푹 파인 곳을 극솟값이라 하고 언덕의 꼭대기를 극댓값이라 합니다. 그리고 극댓값과 극솟값에 대해서도 최댓값과 최솟값처럼 접선의 기울기가 0 임을 알 수 있습니다.

따라서 함수의 극댓값과 극솟값을 알기 위해서는 그 함수를 미분하여 도함수 $f'(x)$를 구하고, 그것이 0 이 되는 점을 구하면 되는 것입니다. 다시 생각하면 최댓값은 극댓값과 끝점의 값 가운데서 제일 큰 것이라고 생각하면 되겠지요.

그와 같은 의미에서, 자연계의 모양은 "최소작용"이라기보다 "극소작용" 원리로 움직이고 있다고 하는 것이 맞을지도 모릅니다.

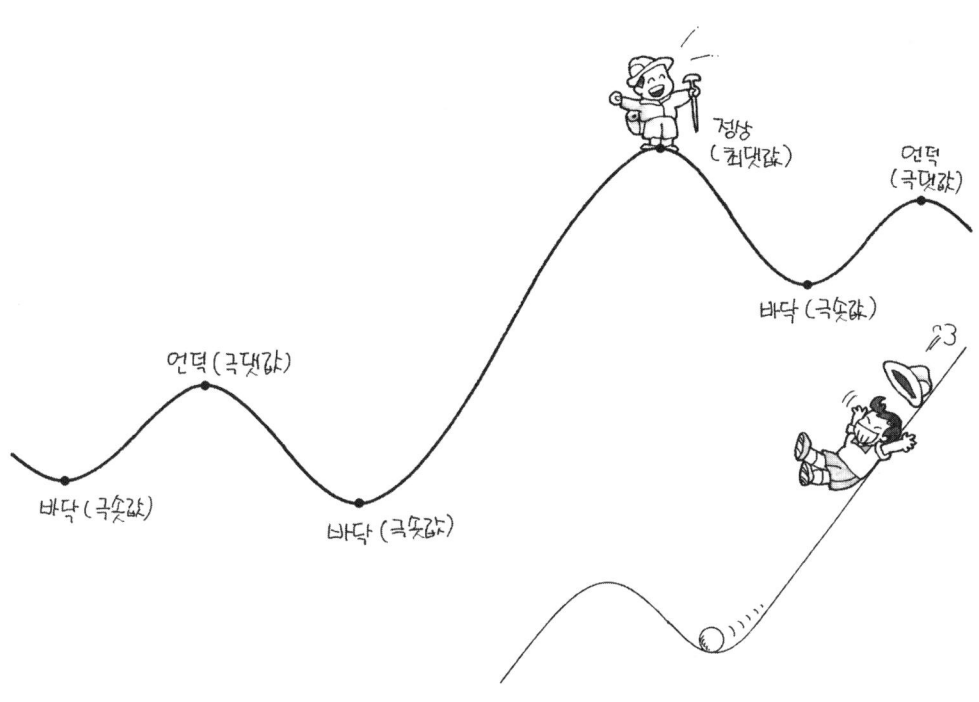
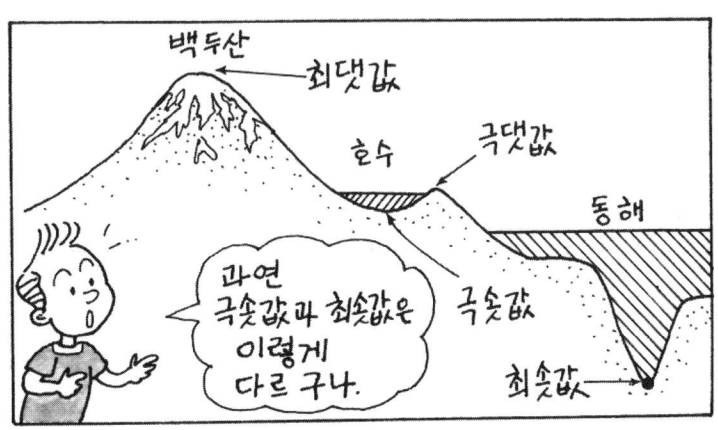

제3장 곡선의 어느 곳에나 미분이 있다

꼭대기와 바닥 사이

언덕의 꼭대기와 파인 바닥에서는 접선이 수평인 것을 알았습니다만 다른 곳에서는 어떻게 될까요?

다음에 나오는 스키 그림을 보세요. 파인 바닥과 언덕의 꼭대기 사이($b \sim c$)를 보면, 함수는 계속 증가합니다. 그런데 그때 접선의 기울기는 어떻습니까?

그렇죠. 그림과 같이 오른쪽으로 올라가는 직선입니다. 즉 오른쪽으로 나아갈 때(x가 증가할 때) 접선은 위로 올라갑니다. 이것을 기울기가 양이라고 말했죠. 접선의 기울기가 양이면 $f'(x)$가 양인 것입니다.

역으로 언덕의 꼭대기에서 파인 바닥까지 스키로 미끄러져 내려갈 때($a \sim b$ 사이, $c \sim d$ 사이) 함수는 계속 감소합니다. 그것에 대응하여 접선은 오른쪽으로 내려갑니다. 즉 접선의 기울기는 음이 되는 것입니다.

결국 언덕의 높낮이는 $f'(x)$ 부호가 양인지, 음인지에 의해 결정되는 것입니다.

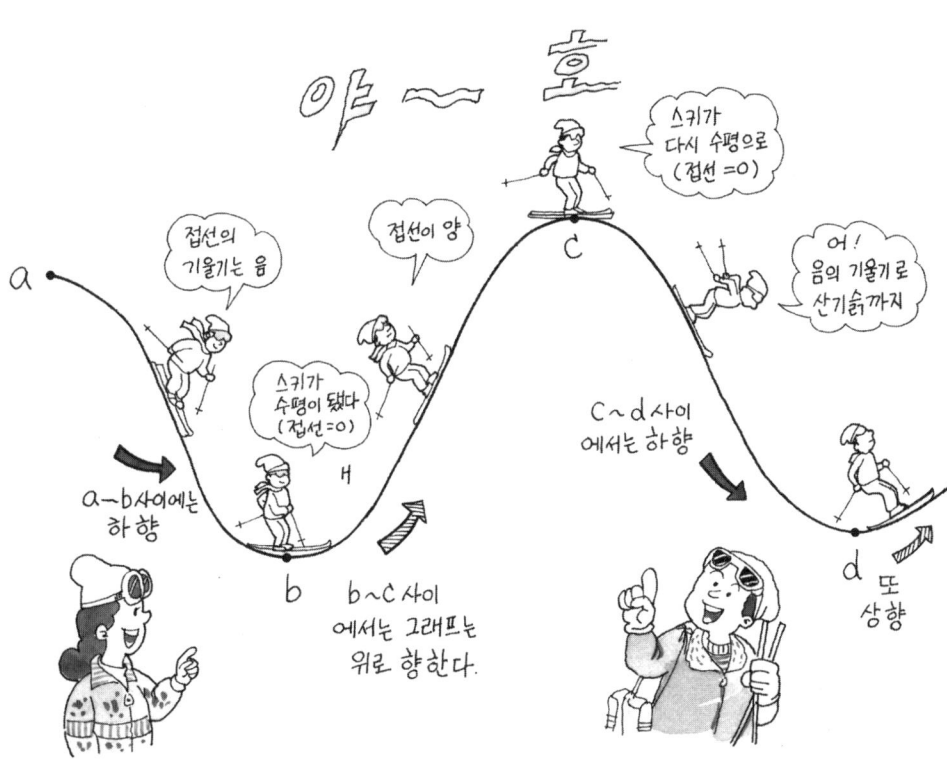

그래프의 모양은?

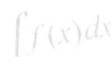

　이상으로 그래프를 그리기 위한 "7개의 도구"가 갖추어졌습니다. 이제부터는 함수 $f(x)$가 주어졌을 때 그 그래프의 개형을 언제라도 그릴 수 있습니다.

　그래프의 개형이라고 하는 것은 "어디에서 감소하고, 어디에서 증가하는가"를 명확히 보여 주는 것입니다. 그것은 극댓값과 극솟값을 명시하여 그래프를 그리는 것입니다.

　이제까지의 설명을 바탕으로, 다음 쪽의 여섯 단계를 밟으면 됩니다. 물론 이것으로 그려지는 그래프는 대략적인 것이지만, "x축과 몇 번 만날까?"라든지 최댓값, 최솟값 등의 중요한 정보를 그림으로 알 수 있습니다.

$y = f(x)$는 주어졌지만,
그래프의 개형은 알 수 없다.
이럴 때야말로 미분을 사용하라!

미분으로 그래프를 그리는 여섯 단계

① 먼저 $f(x)$를 미분하여 $f'(x)$를 구한다.
② $f'(x)=0$이 되는 x의 값을 구한다.
   (여기에서는 $x=a, b, c$일 때 $f'(x)=0$이라 하자.)
③ 해와 해 사이에서 $f'(x)$의 부호를 조사한다.
④ 다음에 $f(a)$, $f(b)$, $f(c)$의 값을 구한다. 이것이 극댓값, 극솟값이다.
⑤ 이상의 결과로부터 아래와 같은 증감표를 만든다.

x	$\cdots$	a	$\cdots$	b	$\cdots$	c	$\cdots$
$f'(x)$	+	0	−	0	+	0	−
$f(x)$	↗	$f(a)$	↘	$f(b)$	↗	$f(c)$	↘

　　　　　↑　　　　　↑
　　그래프 값이 증가　그래프 값이 감소

⑥ 그래프를 그린다.

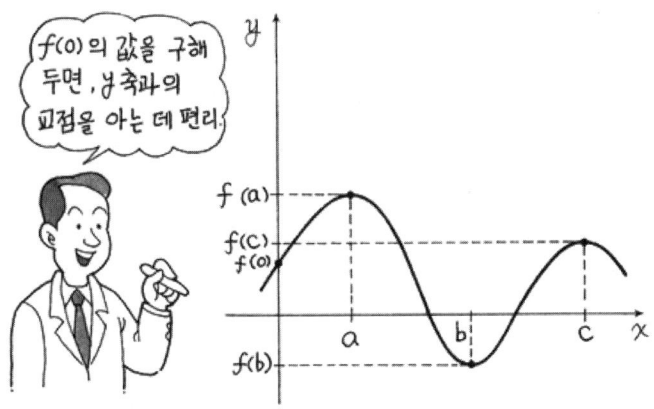

제3장 곡선의 어느 곳에나 미분이 있다

실전! 그래프 그리기

조금 전에는 일반적인 형태로 보았지만, a 또는 b 라는 추상적인 문자로는 이해하는 데 어려움이 있습니다. 그래서 여기에서는 구체적인 함수에 대하여 실제로 그래프를 그려보겠습니다. 다음 쪽에 3차함수가 주어졌습니다. 먼저 이 것을 미분하여 봅니다. 즉 $f'(x)$를 구합니다.

여기에서는 $f'(x) = 0$이 되는 것은 x가 1, 2일 때입니다. 이때 원래함수 $f(x)$는 극댓값과 극솟값을 가지겠죠. 그전에 ⑤와 같이 증감표를 만들어 둡니다. 증감표에는 $f'(x)$의 부호가 어떻게 될 것인가를 확인하여 둡니다. 그래서 $f'(x)$가 양이면 증감표에 ↗ 표시를, 음이면 ↘ 표시를 합니다. 이렇게 하여 $x = 1$에서 극댓값 1을 가지고, $x = 2$에서 극솟값 0을 가지는 함수임을 알 수 있습니다. 이것을 그래프로 그리면 오른쪽과 같이 됩니다. 덧붙여서 그래프를 그릴 때 알아두면 좋은 y 축과의 교점도 계산하여 둡니다.

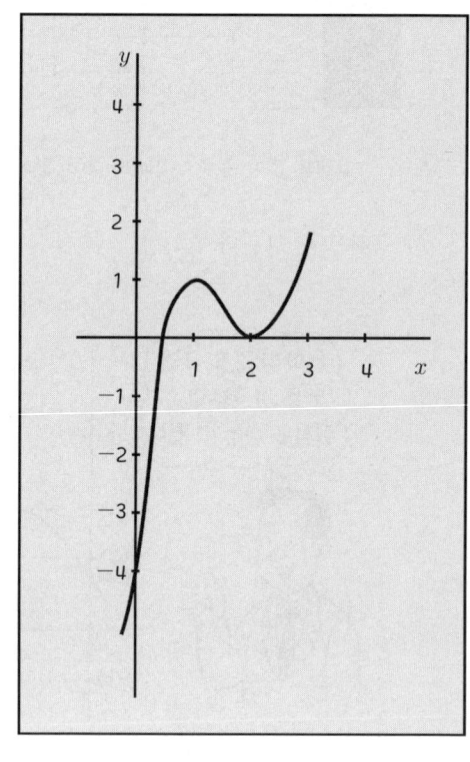

$y = f(x) = 2x^3 - 9x^2 + 12x - 4$의 그래프를 그리자

① 미분한다. $f'(x) = (2x^3 - 9x^2 + 12x - 4)'$
$= \underline{6x^2 - 18x + 12}$

② 다음에 $f'(x) = 0$이 되는 x를 구한다.

$$f'(x) = 6x^2 - 18x + 12$$
$$= 6(x^2 - 3x + 2)$$
$$= 6(x-1)(x-2)$$

따라서 $x = 1$, $x = 2$일 때 $f'(x) = 0$

③ $1 > x$, $1 < x < 2$, $x > 2$에서 $f'(x)$의 부호를 조사한다.
예를 들면 $x = 0$에서 $f'(0) = 12 > 0$임을 알면
다음 구간은 부호가 바뀌므로 $-$임을 쉽게 알 수 있다.

④ 극댓값, 극솟값을 구한다.

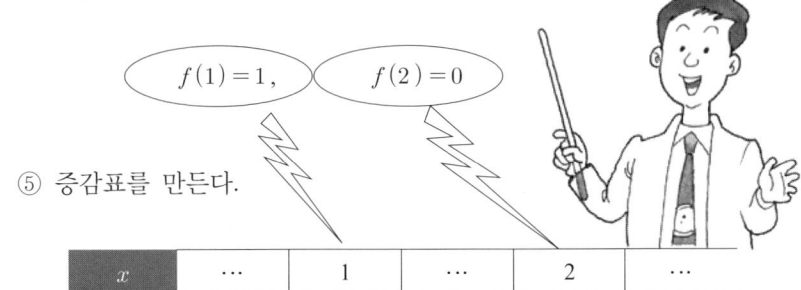

$f(1) = 1$, $f(2) = 0$

⑤ 증감표를 만든다.

x	⋯	1	⋯	2	⋯
$f'(x)$	+	0	−	0	+
$f(x)$	↗	1	↘	0	↗

어느 수박이 더 클까

82쪽에 3차함수가 나왔었는데, 이 함수가 왜 필요한지에 대하여 생각해 봅시다. 그림에서 크기만을 비교하면 어느 쪽 수박이 이득일까요? 얼핏 보기에는 두 개 있는 쪽이 이득인 것처럼 보이죠.

실제로 계산하여 보면 의외로 큰 수박 하나가 작은 수박 둘보다 더 큰 것을 알 수 있습니다. 이것은 부피가 눈으로 보는 것보다 급격히 증가하기 때문입니다.

그 까닭은 부피가 "닮음비의 세제곱에 비례"하는 것과 관계있습니다. 즉 구의 부피는 반지름의 3차함수로 구성되어 있습니다. 조금 전에 보았다시피 3차함수에서는 x의 값이 조금만 증가해도 그것이 함숫값에 크게 영향을 미칩니다.

이와 같이 부피의 문제는 3차함수와 관련 있습니다.

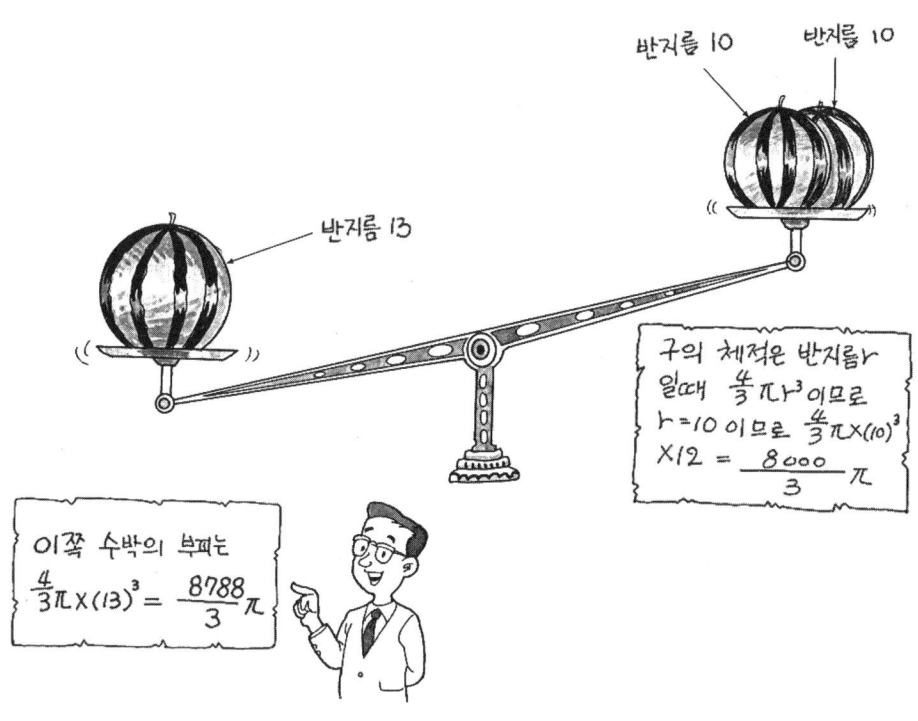

상자의 3차함수

3차함수의 고전적 문제로서, 정사각형의 철판을 이용해 가능한 한 용량이 큰 상자(뚜껑이 없는)를 만드는 것이 있습니다.

이때 잘라내어야 할 정사각형의 한 변을 x 라 하여, 상자의 용량을 나타내는 함수를 생각합니다. 이 상자의 밑넓이에서 x 의 제곱이 들어가고, 높이도 x 이므로, 결국 이 함수는 x 의 3차함수가 됩니다.

이것들을 보아도 알 수 있듯이, 부피에 관한 문제에는 모든 경우에 3차함수가 나옵니다. 이것은 우연이 아닙니다. 앞의 수박에서도 설명했듯이 "부피는 닮음비의 세제곱에 비례한다."에서 유래합니다.

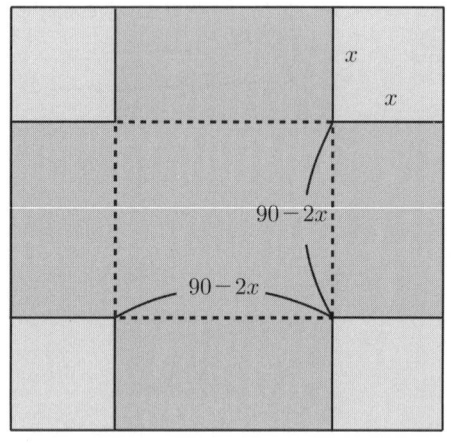
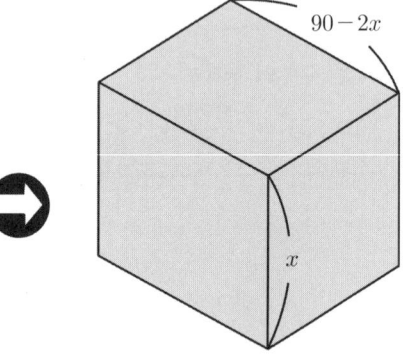

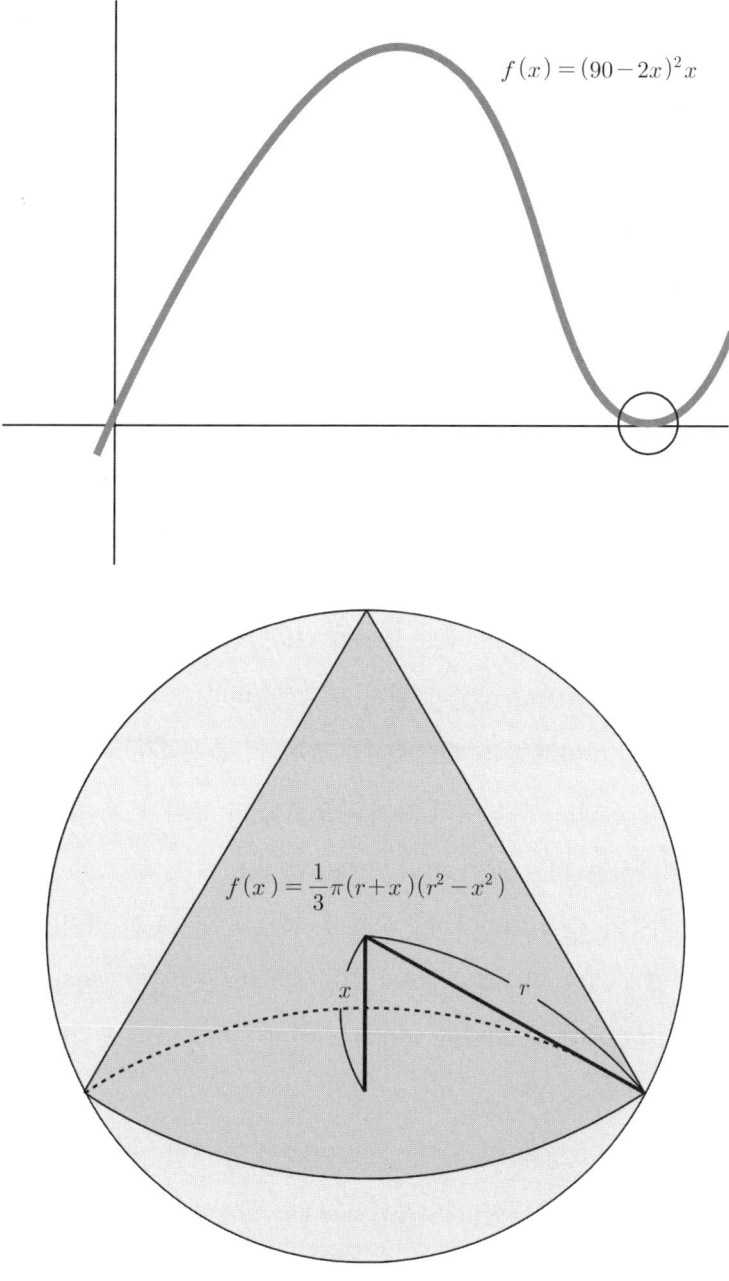

원뿔의 부피

제3장 곡선의 어느 곳에나 미분이 있다

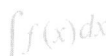

햄을 자르면 생기는 그래프

여러분의 집에 대개 햄이 있을 것입니다. 이 햄으로 수학적 실험을 해 봅시다. 햄을 비스듬히 잘라서 햄에 붙어 있는 셀로판 종이를 늘여 보는 것입니다. 과연 어떻게 될까요?

햄이 아까우면, 작은 소시지로 실험해 보세요(물론 내용물은 먹을 수 있습니다. 음식물은 함부로 하는 것이 아닙니다).

이 실험은 원기둥에 종이를 둘러 붙여 그것을 종이째 싹 잘라 종이를 펼치면 어떤 곡선이 되는지를 보기 위한 것입니다.

실제로 해보면 다음과 같이 파도 모양이 나타납니다. 통조림을 좋아하는 사람이라면 실험하지 않아도 상상이 될지 모르겠습니다.

아니, 통조림을 좋아해도 실제로 해보는 쪽이 더 좋겠지요. 이것은 머릿속으로 하는 것보다 실제로 햄을 여러 가지 각도로 잘라 보아서 그 곡선을 체감하는 것이 수학에서는 헛된 일이 아니기 때문입니다.

그러면 원기둥의 축에 대하여 $45°$ 각도로 자르고 원기둥의 반지름은 1이라 해봅시다. 그렇게 하면 원둘레를 1바퀴 회전하는 데 2π 만큼 곱해지는 것을 알 수 있습니다. 또한 파도의 바닥과 꼭대기 사이의 높이는 지름과 같으므로 2가 됩니다.

이와 같은 파도 모양의 그래프를 갖는 함수를 삼각함수라고 말합니다. 즉 $y = \sin x$의 그래프로 유명한 사인곡선(sine curve)입니다.

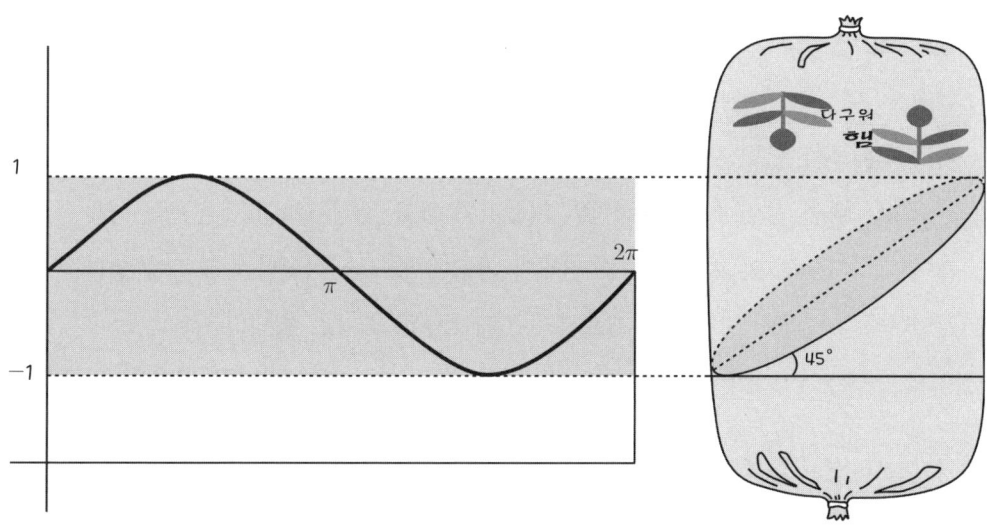

제3장 곡선의 어느 곳에나 미분이 있다

사인곡선의 미분은 코사인곡선

조금 전 햄으로 만든 파도 모양의 그래프에 대하여, 각 점에서 접선을 그어 그 기울기의 그래프를 그려봅시다.

이 그래프는 π에서 원래의 값에 되돌아오는 형태로서, 여러 가지 대칭성이 있으므로 접선의 기울기도 그와 관련 있습니다. 예를 들면 x가 원점과 π에서 점대칭이며 $x=\frac{\pi}{2}$에서 선대칭인 것은 중요합니다. 이제 $x=0$과 $x=\frac{\pi}{2}$ 사이의 그래프를 알면 나머지는 그것을 대칭으로 하여 그려 나아가면 됩니다.

그래서 다음 그림과 같이 접선의 기울기의 값을 계산하여 그것을 매끈하게 붙이면 역시 파도의 형태입니다. 원래의 파도에서 조금 어긋나는 모양이 생길 것입니다. 이 파도 모양의 그래프를 $\cos x$(코사인 x)라고 합니다. 즉

$$f(x) = \sin x$$

를 미분하면

$$f(x) = \cos x$$

가 되는 것입니다.

같은 방법으로 $f(x) = \cos x$의 미분도 그래프로부터 그림과 같이 구할 수 있습니다. 이것은 $f'(x) = -\sin x$의 형태입니다.

이 사실로 까다로운 사인, 코사인과 같은 삼각함수의 미분과 적분도 알 수 있습니다.

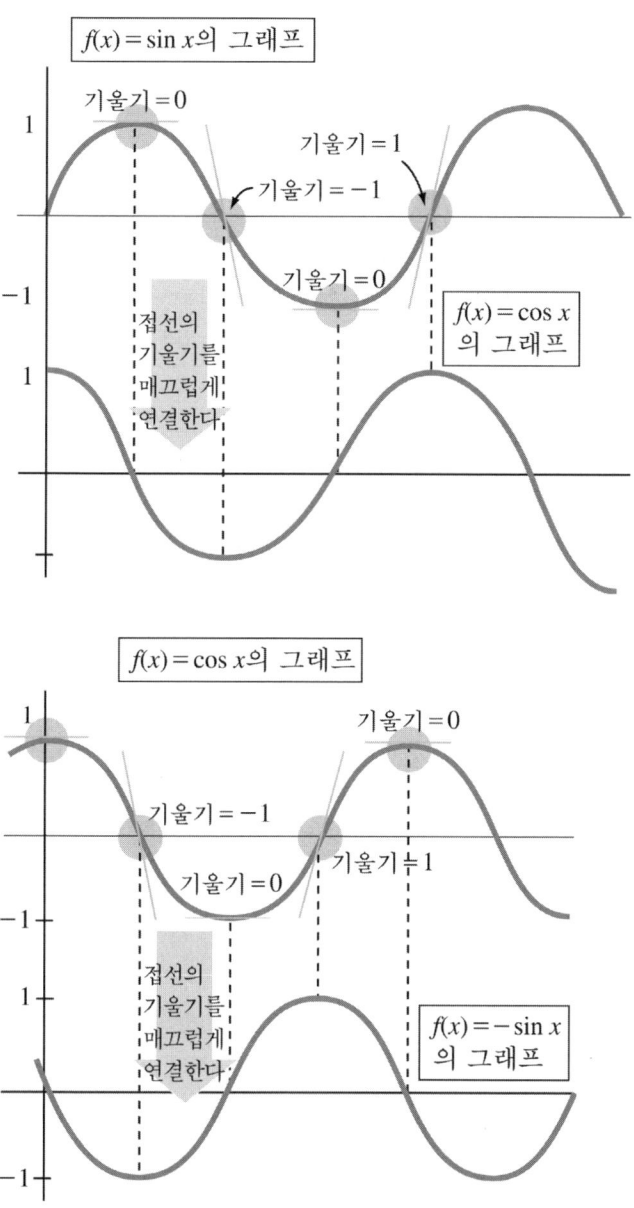

x축, y축의 길이의 비가 1:1은 아닙니다.

■ 아르키메데스(Archimedes, 기원전 287?-212, 그리스)

　　아르키메데스는 유난히 에피소드가 많습니다. 그중에서도 유명한 것이 "금으로 만든 왕관" 이야기입니다. 황제에게 "이 왕관에 혼합물이 있다는 소문이 있다. 부수지 않고 순금인지 아닌지 알아볼 수 있는 방법이 없을까?"라는 말을 들은 후, 목욕탕에서 넘치는 물을 보고 "유레카(알았다!)"라고 소리치며 알몸으로 거리로 달려 나갔다는 이야기입니다.

　　또한 "나에게 충분히 긴 지렛대와 그것을 받칠 장소를 주면 이 지구도 움직여 보일 수 있다."고 말한 것도 유명합니다. 더욱이 시라쿠사가 대국 로마와 싸워서 한 걸음도 물러나지 않은 것은 그가 발명한 무기 덕분이라고 합니다.

　　죽는 것도 그답게 죽었죠. 로마군이 침공했을 때, 땅에 도형을 그리고 있던 아르키메데스는 로마 병사를 향하여 "비켜! 기하 공부에 방해가 돼."라고 하여 살해되었다고 합니다. 사실로 확인된 것은 아니지만 어떻든 그다운 것이 아니겠습니까?

제 4 장
적분으로 넓이를 구하다

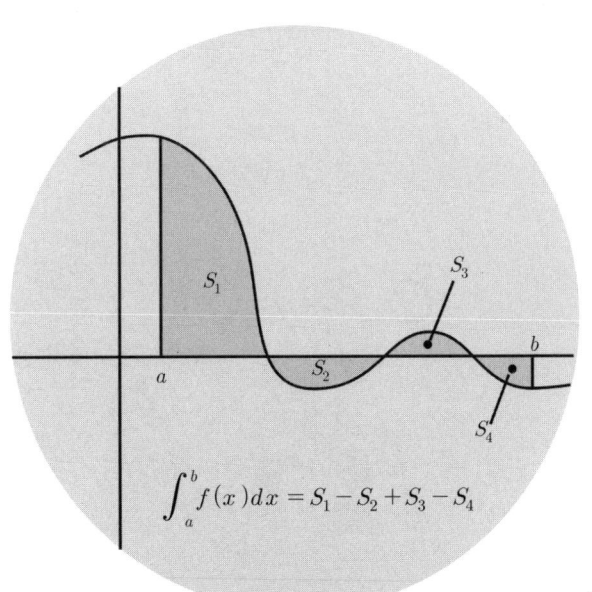

$$\int_a^b f(x)\,dx = S_1 - S_2 + S_3 - S_4$$

π 구하는 법

"반지름 r인 원의 넓이는 얼마일까?"라고 묻는다면 원주율 π를 이용하여 πr^2이 된다고 말할 것입니다.

그런데 이 원주율(π)은 $\pi = 3.141592\cdots$인 소수점 아래가 질질 끌듯이 계속되는 불가사의한 수입니다. 그러나 이러한 수의 근삿값을 아르키메데스가 이미 계산했다고 합니다.

그러면 이 불가사의한 수 π를 아르키메데스는 어떻게 계산했을까요? 먼저 다음 쪽의 그림과 같이 원의 바깥과 안쪽에 접하는 정육각형을 생각해 봅시다. 물론 바깥쪽의 정육각형은 원보다 크고, 안쪽의 정육각형은 원보다 작을 것입니다. 즉 원의 넓이는

$$\text{내접육각형} < \text{원} < \text{외접육각형}$$

이 됩니다.

유클리드 기하강좌

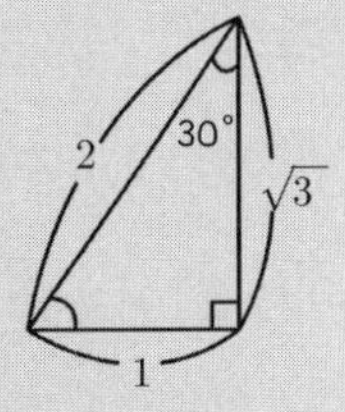

위와 같은 삼각형이면 비율은 그림과 같다. 이 관계를 적용하면 길이를 알 수 있다.

큰 삼각형의 넓이는
$$\frac{1}{2}\times\frac{2}{\sqrt{3}}\times 1=\frac{1}{\sqrt{3}}$$

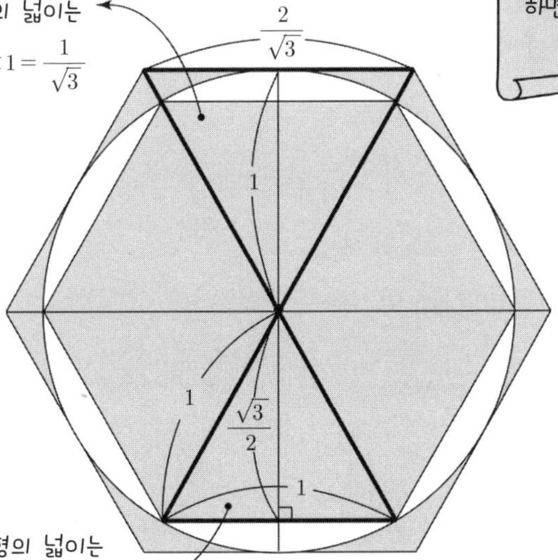

작은 삼각형의 넓이는
$$\frac{1}{2}\times 1\times\frac{\sqrt{3}}{2}=\frac{\sqrt{3}}{4}$$

- 반지름이 1인 원의 넓이는
$$S=\pi\times 1^2=\pi$$

- 위의 그림에서
$$\frac{\sqrt{3}}{4}\times 6 < S < \frac{1}{\sqrt{3}}\times 6$$

⬇

$$2.598 < \pi < 3.464$$

제4장 적분으로 넓이를 구하다

정96각형으로부터 3.14…

정육각형을 이용한 근삿값은 아직 구간의 폭이 너무 큽니다. 앞쪽의

$$2.598 < \pi < 3.464$$

에서는 π의 일의 자릿수가 2인지, 3인지 알 수 없습니다.

이 정육각형의 꼭짓점의 수를 두 배씩 늘려 가면 어떻게 될까요? 6, 12, 24, 48, 96, …이면 점점 원에 가까워지지요.

아르키메데스는 정96각형으로 π의 소수점 아래 둘째 자리까지의 값($\pi = 3.14$)을 그림과 같이 계산했던 것입니다.

현재에도 거의 모든 경우 이 정도의 값이면 충분하며, 초등학교에서는 소수점 아래 둘째 자리까지의 값 3.14를 원주율로 사용하고 있습니다.

양쪽으로부터 참값에 점점 다가가는 근사 방법, 어떻게 느껴집니까?

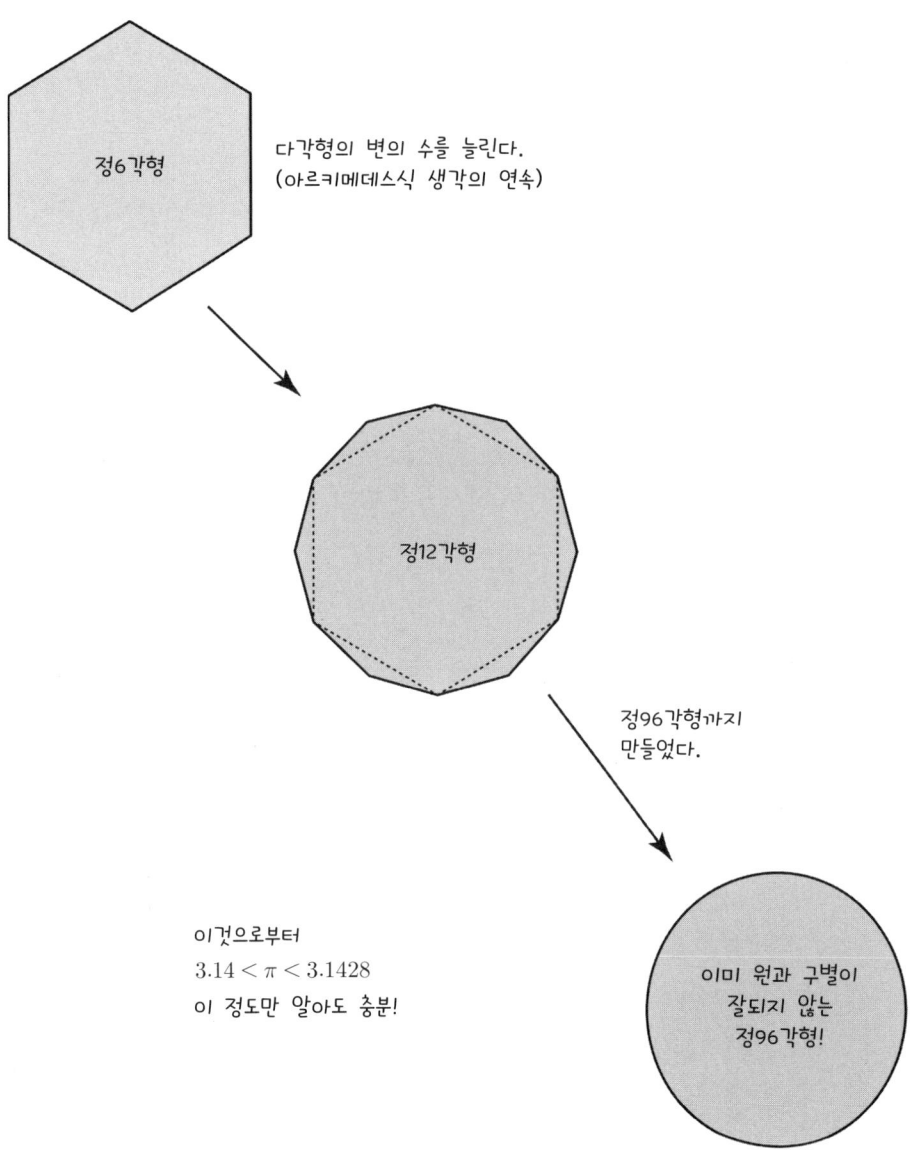

제4장 적분으로 넓이를 구하다

안팎으로 공격하라

π의 값을 계산하는 방법은, 참으로 여러 가지가 있습니다.

다음 그림과 같이 모눈종이에 원을 그려 보는 방법도 있습니다. 안쪽에 들어 있는 정사각형의 넓이를 더한 넓이는 원의 넓이보다 작습니다. 역으로 조금이라도 원과 교차하는 모든 정사각형의 넓이는 원의 넓이보다 클 것입니다.

여기에서 원의 넓이는 "사이에 있다"는 것을 이용하여 그 값을 대충 계산하는 것입니다. 이 방법은 꺾은선으로 근사하는 것이 귀찮은 경우에도 사용할 수 있는 방법입니다. 단 아르키메데스의 다각형의 방법보다는 값이 대략적으로 나옵니다. 따라서 정사각형을 꽤 작게 해야 합니다.

실제로 111쪽의 오른쪽 아래처럼 작은 눈금의 모눈종이로 만들어서 "π의 값"을 알아내는 작업은 수고롭지만, 일단 만들어보면 이 정도로 일목요연하고 알기 쉬운 예도 없습니다.

이 방법을 사용하면 우리나라 지도나 서울 등의 넓이도 근사할 수 있습니다. 단, 이 방법은 앞서 설명한 바와 같이 대단히 성가신 작업이므로 여유가 있을 때 한 번만 해보면 충분합니다.

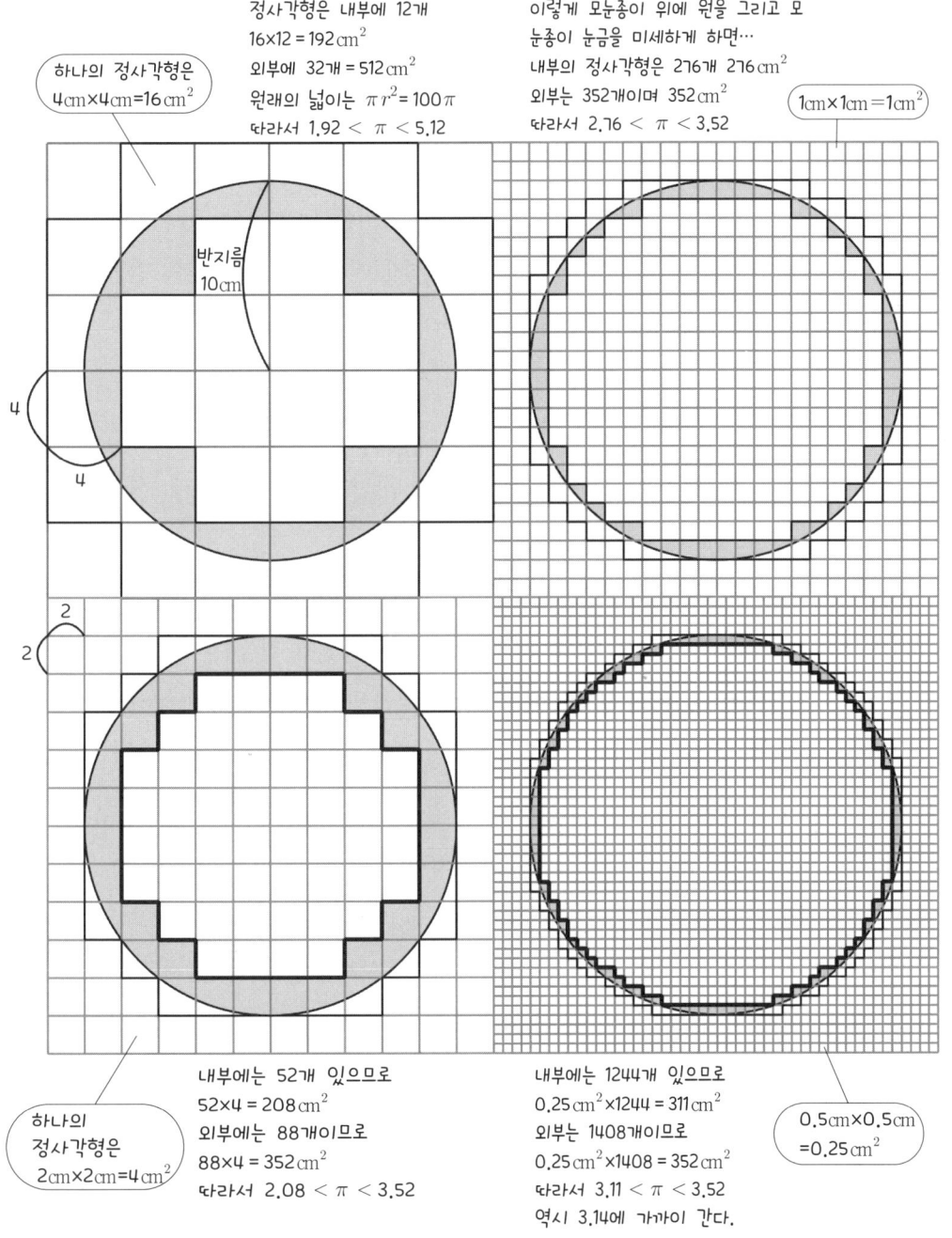

제4장 적분으로 넓이를 구하다

적분의 기본은 직사각형

우리가 수학에서 취급하는 그래프는 식으로 표시하고, 매끈한 것이 많아서 그만큼 쉬웠습니다. 아니 쉬웠다기보다는, 다루기 쉬운 것으로 이론을 만들어 두고 어려운 것은 쉬운 것으로 근사 가능하다는 생각을 했습니다.

그런데 지구의 해안선은 계속 확대하여도 역시 울퉁불퉁합니다. 그렇게 확대할 때마다 닮은 곡선이 나옵니다. 즉 프랙털 도형(204페이지 참조)의 모델이 되는 것입니다. 매끈한 곡선이라면 확대했을 때 직선에 가까워질 텐데, 해안선은 그렇지 않으므로 매끈한 곡선이 아닙니다.

한편 복잡한 지도라도 작은 정사각형으로 나누어 넓이를 계산할 수 있으므로, 깨끗한 그래프이면 당연히 정사각형으로 넓이 계산이 가능합니다.

예를 들면 다음 쪽 위의 그래프에서 a와 b 구간을 적당한 크기의 정사각형으로 분할합니다. 그리고 x 축 위에 정사각형이 접하도록 해 둡니다.

이와 같이 정사각형에 조금 조건을 붙여 정사각형의 크기를 작게 하면 반드시 그래프를 둘러싸는 넓이에 가까워질 것입니다.

그럼, 지금 정사각형으로 근사한 그래프에 한 번 더 착안해 주십시오. 세로 방향의 정사각형을 연결해 보면, 이것은 막대그래프와 같은 것이 됩니다. 그리고 정사각형으로 계산한 넓이는, 실은 막대그래프의 길이에 폭을 곱하여 나오는 넓이와 같게 됨을 알 수 있습니다. 이것이 초창기 적분의 근본적인 생각입니다.

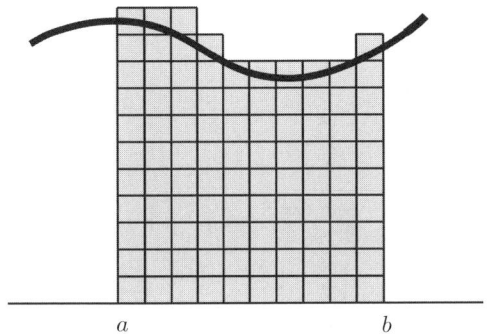

a에서 b까지의 구간을
정사각형으로 헤아린다.

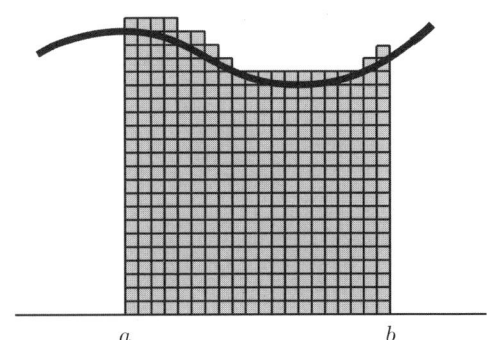

좀더 작은 정사각형을 생각하면
곡선의 넓이에 가까워진다.

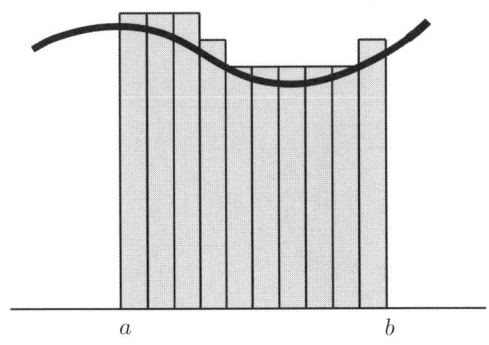

정사각형을 막대그래프로
표현하여도 동일

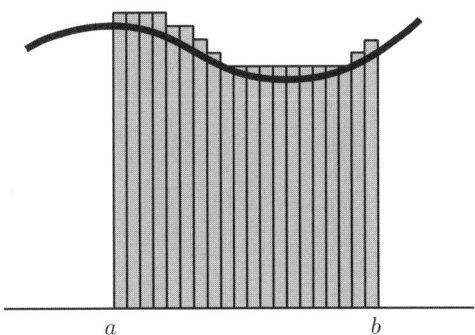

막대그래프의 "막대"의
폭을 점점 작게 하면……

제4장 적분으로 넓이를 구하다

적분은 넓이를 구하는 것

적분을 "나누어서 더하는 것"이라 말하는 사람이 있습니다. 여러분도 이 책을 여기까지 읽으면서 적분이란 "넓이 또는 부피를 미세하게 나누어서 계산하는 것"이라는 것을 이해했을 것입니다.

여기에서 적분을 정의해 둡시다. 현재 고등학교 교과서에는 "적분은 미분의 역연산"이라는 형태로 적분을 정의하고 있습니다. 그러나 실제로는 적분 쪽이 미분보다 훨씬 간단하므로 바로 적분을 정의하는 것이 좋을 것입니다.

결국 다음과 같이 하는 것입니다. 함수 $f(x)$의 적분이란 $f(x)$와 x축으로 둘러싸인 넓이를 구하는 조작이라고 생각하십시오. 그림에서 설명한 계산이 적분이라고 불리는 것입니다.

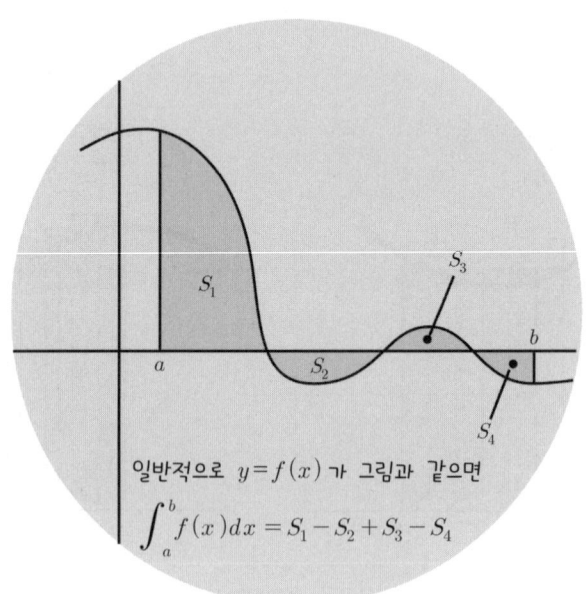

일반적으로 $y = f(x)$가 그림과 같으면
$$\int_a^b f(x)\,dx = S_1 - S_2 + S_3 - S_4$$

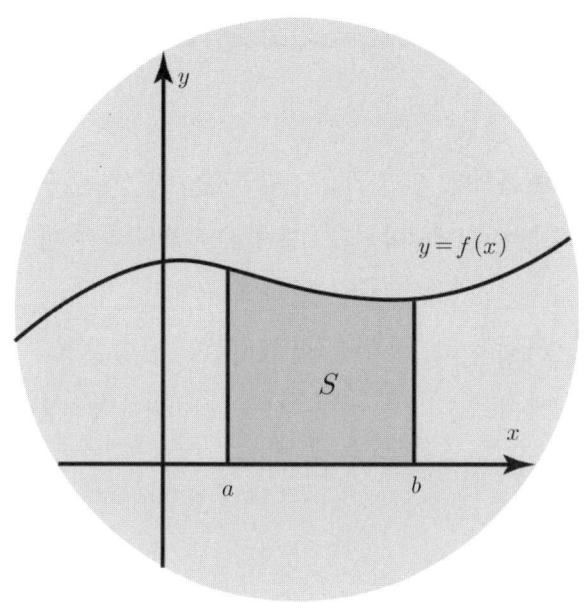

$a \leq x \leq b$에서 $f(x) \geq 0$일 때

$$\int_a^b f(x)dx = S$$

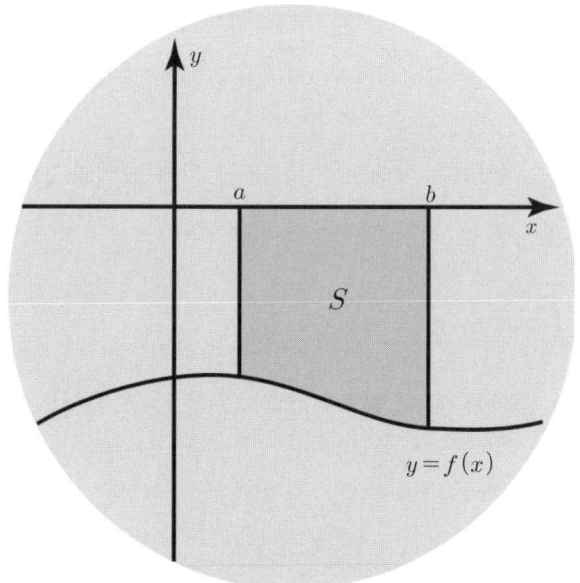

$a \leq x \leq b$에서 $f(x) \leq 0$일 때

$$\int_a^b f(x)dx = -S$$

제4장 적분으로 넓이를 구하다

적분 공식 예상하기

그러면 구체적인 함수를 적분해 봅시다. 먼저 가장 간단한 함수인 상수함수의 적분입니다. 상수함수는 x의 값에 관계없이 $f(x)$가 일정한 값을 갖는 함수입니다.

구체적으로 말하면 식으로는 그림과 같이 $f(x)=c$의 형태를 하고 있습니다. 이 $f(x)$에 대하여 x가 0부터 t까지의 $y=f(x)$와 x축으로 둘러싸인 부분은 그림과 같이 직사각형이고, 따라서 그 넓이는 ct가 됩니다. 즉

$$\int_0^t c\,dx = ct$$

입니다. 특히 c가 1일 때에는 1을 x^0으로 볼 수 있는 것에 주의하십시오. 즉

$$\int_0^t x^0 dx = t \quad \cdots\cdots \ (1)$$

로 쓸 수도 있습니다.

다음으로 직선을 나타내는 $y=x$입니다. 그래프는 117쪽의 아래 그림과 같이 삼각형으로, 삼각형의 넓이를 구하는 공식을 사용합니다. 즉

$$\int_0^t x\,dx = \frac{t^2}{2} \quad \cdots\cdots \ (2)$$

이죠. 이 두 개의 예로부터 어떤 공식이 예상될까요? (1)과 (2)를 잘 보십시오.

$$\int_0^t x^n dx = \frac{t^{n+1}}{n+1}$$

이 예상되었습니까?

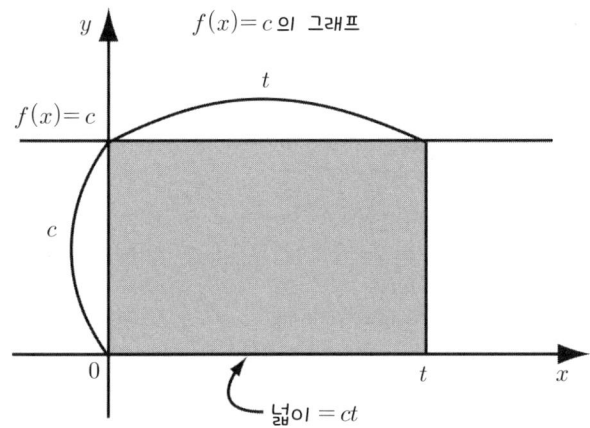

$$\therefore \int_0^t c\,dx = ct,$$

특히 $c=1$일 때,
$f(x)=1(=x^0)$에 대하여

$$\int_0^t x^0\,dx = t$$

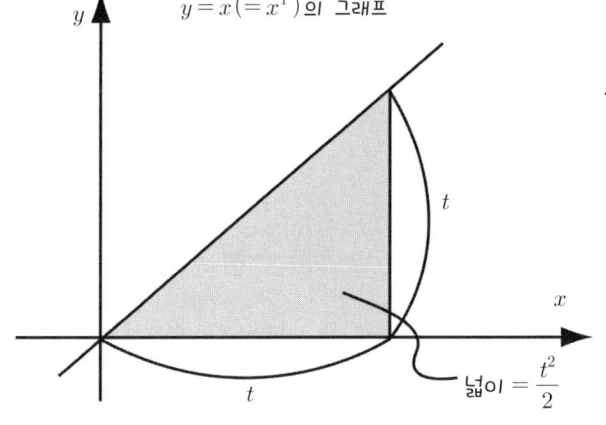

$$\therefore \int_0^t x\,dx = \frac{t^2}{2}$$

두 개의 예로부터

$$\int_0^t x^n\,dx = \frac{t^{n+1}}{n+1}$$

이라 예상할 수 있다.

부정적분은 무엇일까

바로 앞의 적분을 이해했으면 적분하는 범위가 "a에서 b"인 경우도 이 식을 이용하여 계산할 수 있습니다. 즉 처음에 0에서 b까지 적분한 다음에 0에서 a까지 적분한 것을 빼면 되겠지요.

따라서 앞에서 설명한 0에서 t까지의 적분 계산이 본질적인 의미가 있음을 알 수 있습니다. 여기에서 0과 t를 쓰지 않은 형태로

$$\int x^n dx = \frac{x^{n+1}}{n+1} + C$$

로 써둡시다. 이것을 부정적분이라고 합니다.

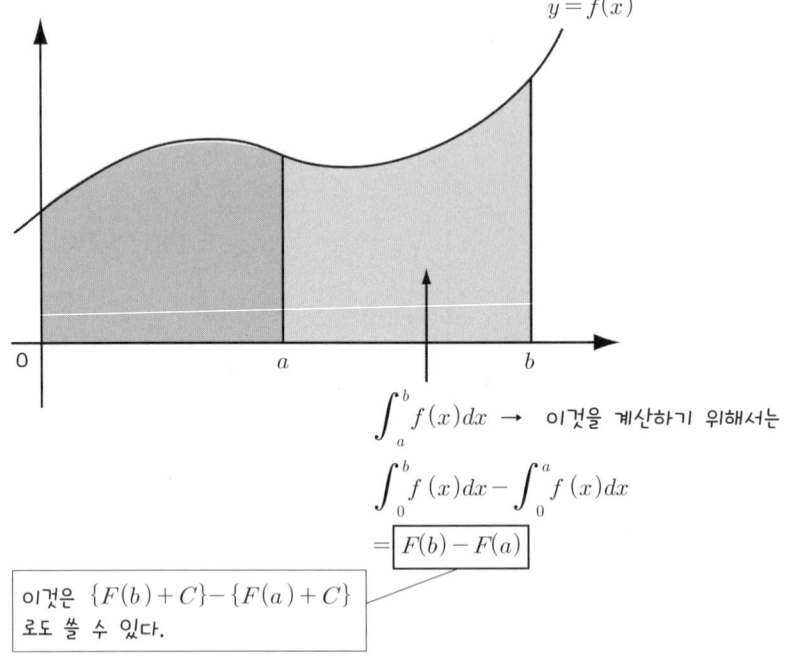

이것은 $\{F(b)+C\} - \{F(a)+C\}$ 로도 쓸 수 있다.

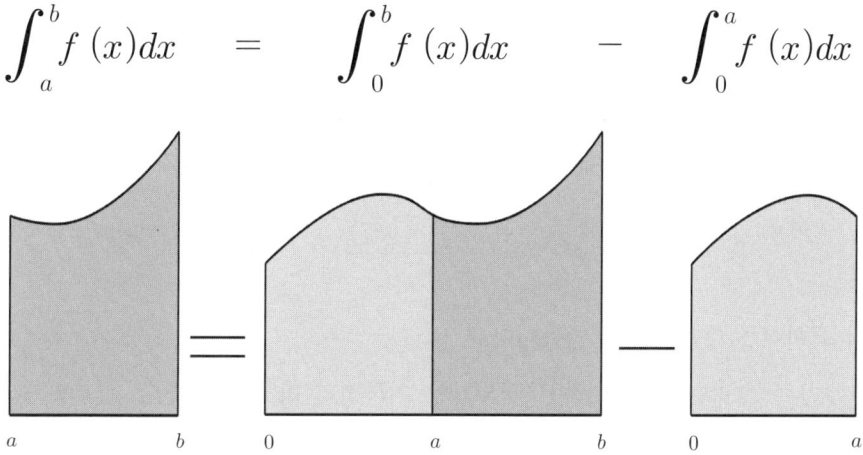

$$\int_a^b f(x)dx = \int_0^b f(x)dx - \int_0^a f(x)dx$$

$\int_0^t f(x)dx = F(t)$ 이면

$\int f(x)dx$ 를 $F(x) + C$ 라 쓴다.

여기에서 C는 정해지지 않는 수치이므로 부정적분이라 부르지만, 실은 C를 정할 필요는 없다.

뉴턴이 파악해낸 원리

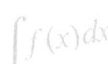

미분·적분에서 뉴턴이 특히 뛰어났던 것은 그 원리를 확실히 파악했기 때문입니다. 그는 어떻게 기본정리를 파악했던 것일까요?

이제 $y=f(x)$와 x축, y축, $x=t$로 둘러싸인 넓이를 $S(t)$라 합시다. 이것은 $\int_0^t f(x)dx$이죠. $S(t)$는 t가 변화하면 따라서 바뀌므로 t의 함수입니다. t가 h만큼 증가할 때 $S(t)$는 $S(t+h)$가 됩니다. 이 증가의 비, 즉

$$\frac{S(t+h)-S(t)}{h}$$

의 극한이 $S(t)$의 미분이었습니다.

오른쪽 그림의 결과를 "미분적분학의 기본정리"라고 합니다.

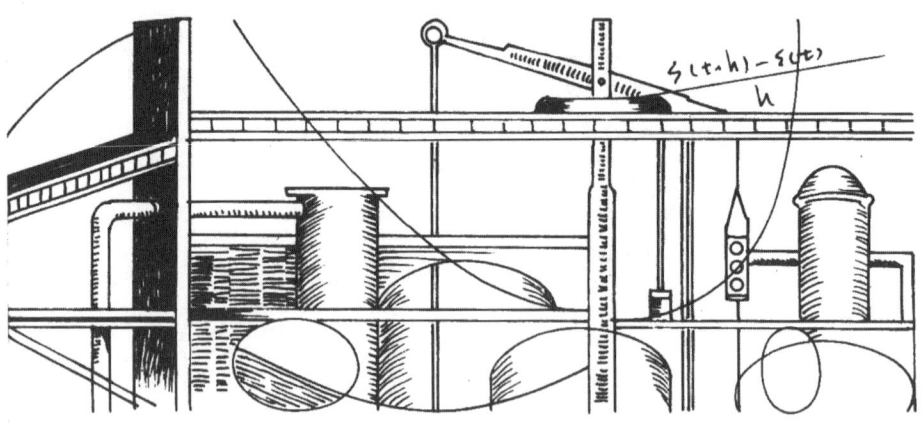

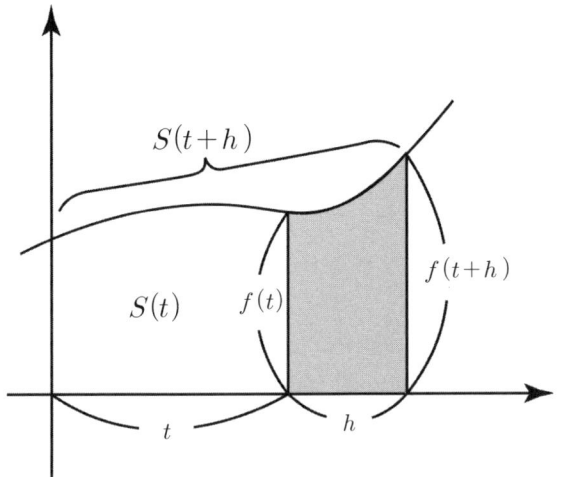

$$\frac{S(t+h)-S(t)}{h} = \frac{\text{(shaded region)}}{h}$$

$$= f(t)$$

$$\left(\int_0^x f(t)dt\right)' = f(x)$$

제4장 적분으로 넓이를 구하다

기본정리로 적분은 쉽사리!

뉴턴과 라이프니츠가 "미분적분학의 기본정리"를 발견한 것은 미분과 적분의 응용에 획기적인 발전을 가져다주었습니다. 이것은 미분과 적분이 서로서로 보충하는 관계이기 때문입니다.

이것에 대하여 한 번 더 정리해 둡시다.

미분이 뜻하는 바는 "곡선의 접선"이지만 그 안에는 "극한"이라는 개념이 들어 있기 때문에 사실은 어렵고, 근세가 될 때까지 출현하지 않았습니다. 그러나 계산은 의외로 간단합니다.

한편 넓이의 계산인 적분은 의미는 명료하지만 계산은 그렇게 쉽지 않습니다. 여기서 등장한 것이 "뉴턴-라이프니츠의 기본정리"입니다. 이 발견으로 까다로운 적분 계산을 미분 계산으로 구할 수 있게 되었습니다.

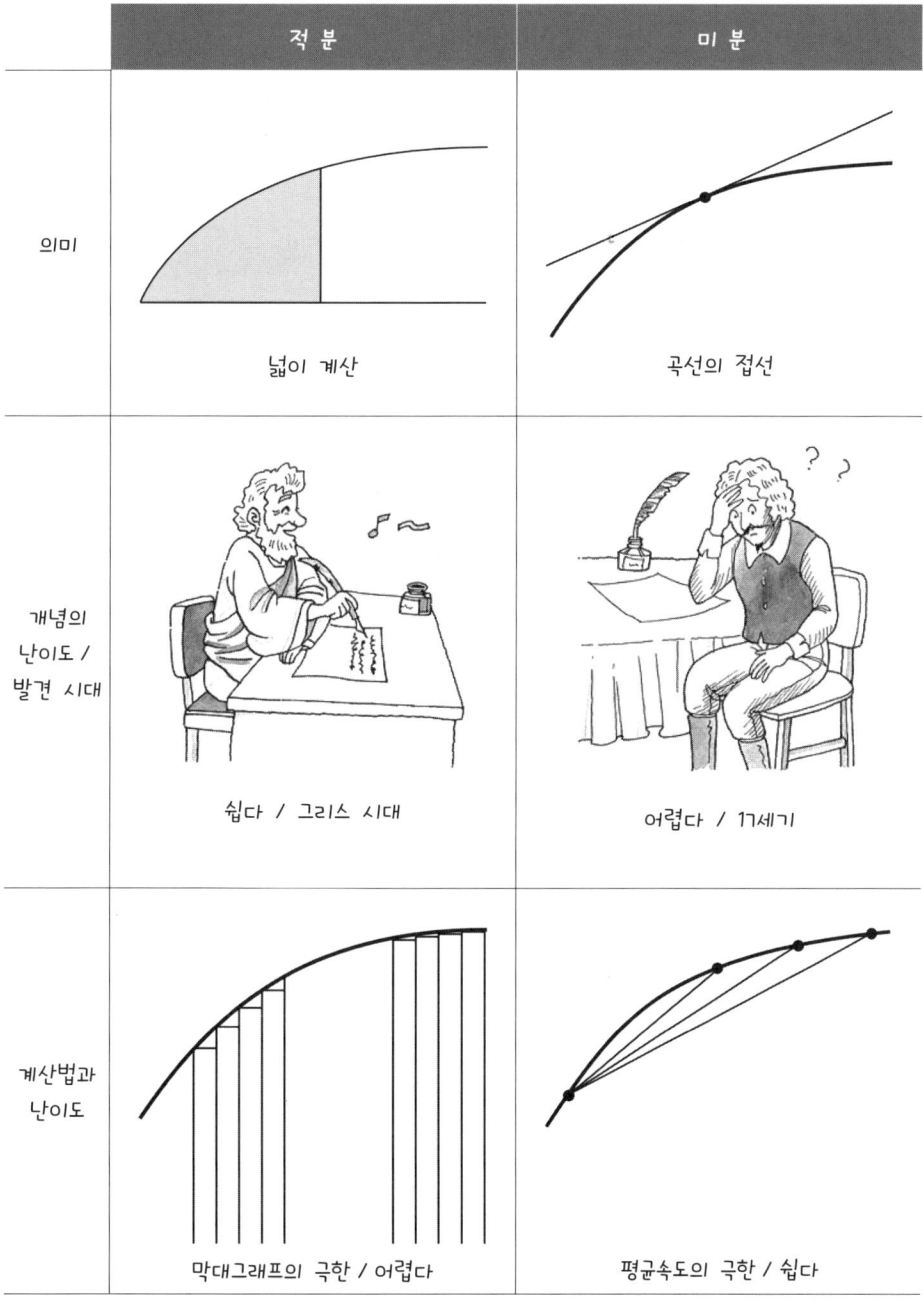

제4장 적분으로 넓이를 구하다

미분·적분 공식을 정리하자

$\left(\dfrac{x^{n+1}}{n+1}\right)' = x^n \quad (n \neq -1)$ $\qquad \int x^n dx = \dfrac{x^{n+1}}{n+1} + C$

$(\sin x)' = \cos x$ $\qquad \int \cos x\, dx = \sin x + C$

$(-\cos x)' = \sin x$  $\int \sin x\, dx = -\cos x + C$

$(e^x)' = e^x$ $\qquad \int e^x = e^x + C$

$\left.\begin{array}{l} x > 0 \quad (\log_e x)' \\ x < 0 \quad (\log_e -x)' \end{array}\right\} = \dfrac{1}{x}\, (= x^{-1})$ $\qquad \int \dfrac{1}{x}\, dx = \log_e |x|$

$$\dfrac{dy}{dx} \qquad \int f(x)\, dx$$

복리에 얼굴을 내미는 e

돈을 빌리거나 예금을 해도 이율에 따라 꽤 큰 차이가 날 수 있습니다. 특히 이율이 클 때에는 복리가 되면 더욱 크죠. 여기에서 단리와 복리의 계산을 비교해 봅시다. 같은 원금 100만 원을 10년간 맡겼을 때 ①과 ② 어느 쪽이 유리할까요?

① 연리 200% (1년에 3배)의 단리
② 연리 100% (1년에 2배)의 복리

①의 경우는 단리이므로 10년 후에는 2100만 원이 됩니다. ②의 복리의 경우에는 이율이 적지만 매년 전년도의 2배이므로 10년 만에 1024배, 즉 10억 2400만 원이 됩니다. 이것이 예금이면 좋겠지만 빌린 것이라면 큰일이겠죠.

그럼 이번에는 기간을 1년으로 합시다. 역시 원금은 같은 100만 원입니다.

③ 연리 200%의 단리

④ 연리 100%로 1초마다 복리

④의 경우에는 복리의 횟수가 무려 3000만 회 이상입니다. 따라서 이번에도 ④의 경우가 유리한 것처럼 보이지만 그렇지는 않습니다. 얼마든지 복리의 횟수를 늘려도 "1년간"이라는 한정이 있으면 272만 원 이상은 되지 않습니다.

그림에 나오는 숫자(= 2.71828…)가 자연로그의 밑이라고 불리는 것으로 보통 e 라고 씁니다. 이 e 는 지수와 로그의 미분과 적분이 간단히 되는 마법의 수입니다.

연못의 물도 $\frac{1}{e}$

그럼 자연로그의 밑 $e\,(=2.718\cdots)$ 란 어떤 수일까요? 조금 전 복리계산에서 급히 얼굴을 내민 새로운 얼굴이지만 복리계산이 아니라도 나타납니다.

예를 들면 물이 30L 들어 있는 연못이 있고, 그 물을 같은 30L 의 새로운 물로 정화하는 것을 생각합시다. 단 고기에게 해가 되지 않도록 새로운 물을 넣고 섞어서, 넣은 만큼 물을 버리는 방법으로 하겠습니다. 이런 장면에 e 가 얼굴을 내미는 것입니다.

먼저 정확히 반인 15L 의 물을 넣어 섞은 다음 15L 의 물을 버립니다. 이것으로 원래 물의 비율은 $\frac{2}{3}$ 가 됩니다. 더욱이 남은 15L 에 새로운 물을 넣고 섞어서 다시 15L 를 버립니다. 이렇게 하면 원래 물의 비율은 $\frac{4}{9}$ 가 됩니다.

원래 물의 비율을 더 감소시킬 수 없을까요? 새로운 물을 3등분해서 3회에 나누어 해보면 어떻게 될까요? 이번에는 원래 물의 비율이 $\frac{27}{64}$ 이 됩니다. 조금 좋아졌지요.

그러면 좀더 나누면 점점 원래 물의 비율은 0 에 가까워질 것입니다. 그런데 2, 3회로 나눴을 때의 식을 잘 보면 이것은 실은 $\frac{1}{e}$ 에 가까이 간다는 것을 알 수 있습니다. 즉 물을 조금씩 섞으면서 더해서 배출하는 수조는 $\frac{1}{e}$ 이라는 수와 깊은 관계가 있는 것입니다.

$\frac{1}{2}$인 15L만 새로 넣으면 45L, 이전의 물의 비율은 $\frac{30}{30+15}=\frac{2}{3}$

이것을 30L로 하여 새로 15L의 물을 넣으면 이전의 물의 비율은

$$\frac{\frac{2}{3} \times 30}{30+15} = \frac{2}{3} \times \frac{2}{3} = \frac{4}{9}$$

이것은 $\frac{1}{\left(1+\frac{1}{2}\right)^2}$이라 생각할 수 있다.

이번에는 3회로 나누어서 해보자.

$\frac{1}{3}$인 10L만 새로 넣으면 40L, 이전의 물의 비율은 $\frac{30}{40}=\frac{3}{4}$

이것을 30L로 하여 새로 10L의 물을 넣으면 이전의 물의 비율은 $\frac{\frac{3}{4} \times 30}{40} = \frac{3}{4} \times \frac{3}{4}$

또한 30L에 새롭게 10L의 물을 넣으면 이전의 물의 비율은

$$\frac{\frac{3}{4} \times \frac{3}{4} \times 30}{40} = \frac{1}{\left(1+\frac{1}{3}\right)^3}$$

이다. 따라서 $\frac{30}{n}$L의 물을 넣어서 $\frac{30}{n}$L 버리는 조작을 n회 시행하면

이전의 물의 비율은 $\frac{1}{\left(1+\frac{1}{n}\right)^n}$, 이것은 $\frac{1}{e}$에 가까이 간다.

여기에서 $\left(1+\frac{1}{n}\right)^n = e$ (127쪽 참조)

제4장 적분으로 넓이를 구하다

■ 데카르트(René Descartes, 1596-1650, 프랑스)

데카르트가 도나우 강의 근처에서 노숙하고 있을 때, 꿈속에서 직교좌표 즉 XY좌표를 생각했다고 합니다. 지금은 당연한 것으로 사용하지만 이 XY좌표에 의해 처음으로 대수와 기하가 융합되고, 미분적분학이 만들어졌습니다. 데카르트는 자신의 좌표를 사용하여 곡선 등을 식으로 표시하고 그 접선을 구했습니다.

또 당시 철학서적이라 하면 라틴어로 쓰는 것이 당연한 것이었는데도 처음으로 모국어(프랑스어)로 썼던 것으로 알려져 있습니다. 그것이 《방법서설》입니다. 기성의 권위에 순응하지 않고 자신의 생각을 주장하기 위한 것이었다고 합니다. 유명한 말 "나는 생각한다. 따라서 나는 존재한다."도 그런 의미겠지요.

제 5 장
미적의 눈으로 보다

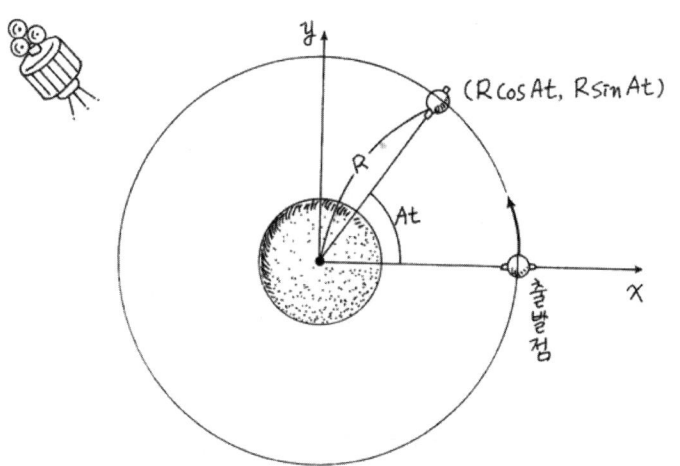

한 번 감은 화장지

　제2장에서 나온 화장지, 그것이 만약 한 번만 감긴 것이라면 어떨까요? 역시 같은 방법으로 계산되겠지요. 즉 동심원으로 둘러싸인 넓이는 화장지의 길이와 두께를 곱한 것입니다.

　이번에는 문자를 사용하여 생각해 보면 다음 쪽의 그림처럼 원의 넓이의 공식에서 원둘레의 길이의 공식이 나옴을 알 수 있습니다. 이렇게 다시 원둘레의 길이와 그 원의 넓이가 관련 있습니다. 이 계산의 형태는 반지름 r로 넓이의 식을 미분하면 원둘레의 길이가 나오는 것을 의미합니다.

　이와 같이 화장지의 문제는 여러 가지로 미분·적분과 결부되어 있습니다.

이 넓이는
(대원 — 중원)
$= \pi r^2 - \pi(r-h)^2$ …… ①

한 번 감은 화장지의 넓이는 ℓh로 ①과 같으므로, 길이(원둘레) ℓ은

$$\ell = \frac{\pi r^2 - \pi (r-h)^2}{h}$$

$$= \frac{\cancel{\pi r^2} - \cancel{\pi r^2} + 2\pi rh - \pi h^2}{h} \quad \cdots\cdots ②$$

$$= 2\pi r - \pi h \quad \longleftarrow \quad \pi h \text{의 } h \text{는 0에 가깝기 때문에 } \pi h \fallingdotseq 0$$

$$\fallingdotseq 2\pi r \quad\quad\quad\quad\quad\quad \cdots\cdots ③$$

「원의 넓이」의 식에서 「원둘레의 길이」의 식이 나온다.
그러나 ②식과 ③식을 비교하면
"파r²을 미분하여 2파r이 나온다"
는 것을 알 수 있다.

제5장 미적의 눈으로 보다   133

 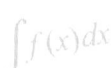

지구의 겉넓이

한 번 더 비슷한 예를 지구에서 생각해 봅시다.

지구는 엄밀히 말하면 완전한 구는 아닙니다. 양극을 지나는 원둘레(대원)보다도 적도가 길죠. 그러나 그 차이는 조금밖에 되지 않으므로 구라고 생각해도 지장 없겠죠. 지구 반지름은 약 6,400km입니다. 이 모델을 기본으로 하여 구의 부피와 겉넓이의 관계를 조사해 봅시다.

지구의 가장 표면에 있는, 즉 지구의 얇은 막에 상당하는 것이 지각입니다. 지각과 그 내부를 나누는 것이 모호로비치치 불연속면입니다.

지각의 두께는 육지와 바다에서 30km 내지 5km의 차이가 있다고 하지만 어떤 경우라도 지구 반지름과 비교하면 얼마 되지 않습니다. 여기에서는 이야기를 간단히 하기 위해 10km로 통일하기로 하죠.

그럼 이것으로부터 지각의 부피가 계산됩니다. 지구 전체의 부피에서 모호로비치치 불연속면보다 밑에 있는 부분의 부피를 뺀 것이 그것입니다. 지각의 부피를 알면 구의 겉넓이의 공식을 잊어버린 사람도 지구의 겉넓이를 계산할 수 있습니다. 어떻게 할까요?

다음 쪽 그림과 같이 구의 반지름을 r라 하고 얇은 막의 두께를 h라 하여 계산해 보면, 부피의 식에서 겉넓이를 계산할 수 있습니다.

이 계산은 결국 "구의 부피의 식을 반지름 r로 미분하면 겉넓이의 식이 된다."는 것을 의미합니다.

구의 부피의 공식 $\frac{4}{3}\pi r^3$ 으로부터

지각의 부피
$= \frac{4}{3}\pi (6400)^3 - \frac{4}{3}\pi (6390)^3$
$\fallingdotseq \frac{4}{3}\pi (1.2 \times 10^9) = 1.6 \times 10^9 \pi$
$\fallingdotseq 5 \times 10^9 \,(\text{km}^3)$

이것을 두께 10km로 나누면
약 $5 \times 10^8 \,(\text{km}^2)$ 가 겉넓이

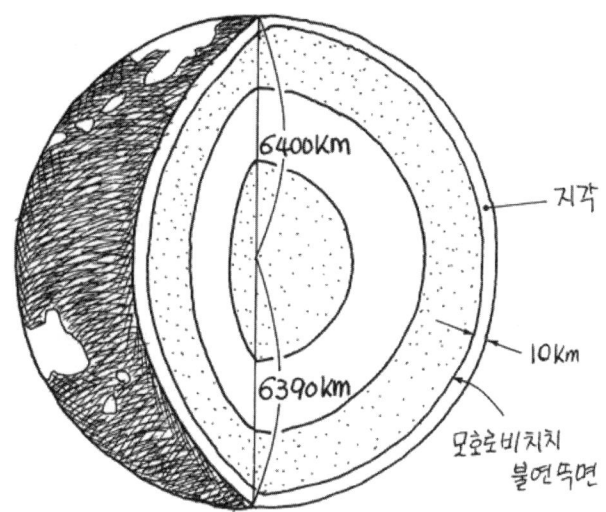

지각
10km
모호로비치치
불연속면

지금의 계산을 r과 h로 해보면
(h는 충분히 작다)

$$\frac{\frac{4}{3}\pi r^3 - \frac{4}{3}\pi (r-h)^3}{h}$$
$$= \frac{3r^2 h - 3rh^2 + h^3}{h} \times \frac{4}{3}\pi$$
$$= (4r^2 - 4rh + \frac{4}{3}h^2)\pi$$

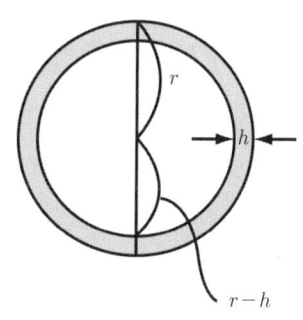

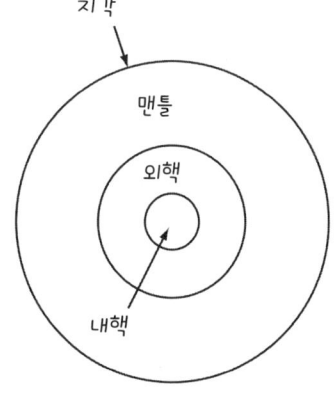

지각
맨틀
외핵
내핵

h가 r에 비하여 굉장히 작기 때문에 0으로 보면

$\fallingdotseq 4\pi r^2$ ←이것이 겉넓이의 공식

이 조작은 $\frac{4}{3}\pi r^3$을 r로 미분한 것과 같다.

제5장 미적의 눈으로 보다

물가상승률은 마이너스, 그러나 물가는 오른다

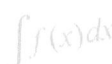

"물가상승률이 마이너스가 되었다"면 "정말일까?" 하고 의심하면서도 결국 반기게 됩니다. 그러나 이 용어는 주의해야 합니다.

먼저 "상승률"이란 것은 상승의 비율입니다. 그래프로 말하면 그래프의 기울기를 의미합니다. 그래서 "상승률의 신장"이란 것은 실은 더 나아가 "그 기울기가 상승하는 비율"을 나타내는 것입니다. 즉 물가와 주행거리를 대응하면, 상승률은 속도에 대응하고, 상승률의 신장은 가속도에 대응합니다.

가속도(상승률의 신장) = 주행거리(물가)의 미분의 미분!

가속도를 0으로 하거나 감속하여도 자동차의 속도가 음수(역방향으로 나아감)가 되지 않으면 원래의 곳으로는 돌아오지 않습니다.

가속도도 주행거리에 영향을 주는 것이 확실하지만 그것은 그렇게 직접적인 영향을 주는 것은 아닙니다. 마찬가지로 물가상승률 신장은 물가의 장래에 어느 정도 지침을 줄지도 모른다는 정도입니다.

그림의 예에서는 어떤 상품의 물가가 100원, 120원, 153원, 165.5원 등 연속적으로 인상될 때의 상승률과 그 신장률을 계산한 것입니다.

실제로 느끼기에는 점점 물가가 오르고 있다는 인상이 강하고 실제로도 그렇지만 상승률은 역으로 감소하는 것에 대응하여 "상승률의 신장"은 음수를 보이고 있지 않습니까?

우리가 "체감하는 것과 달라."라고 느끼는 것은 이와 같이 "2회 미분"이라는 조작이 행해졌을 때입니다.

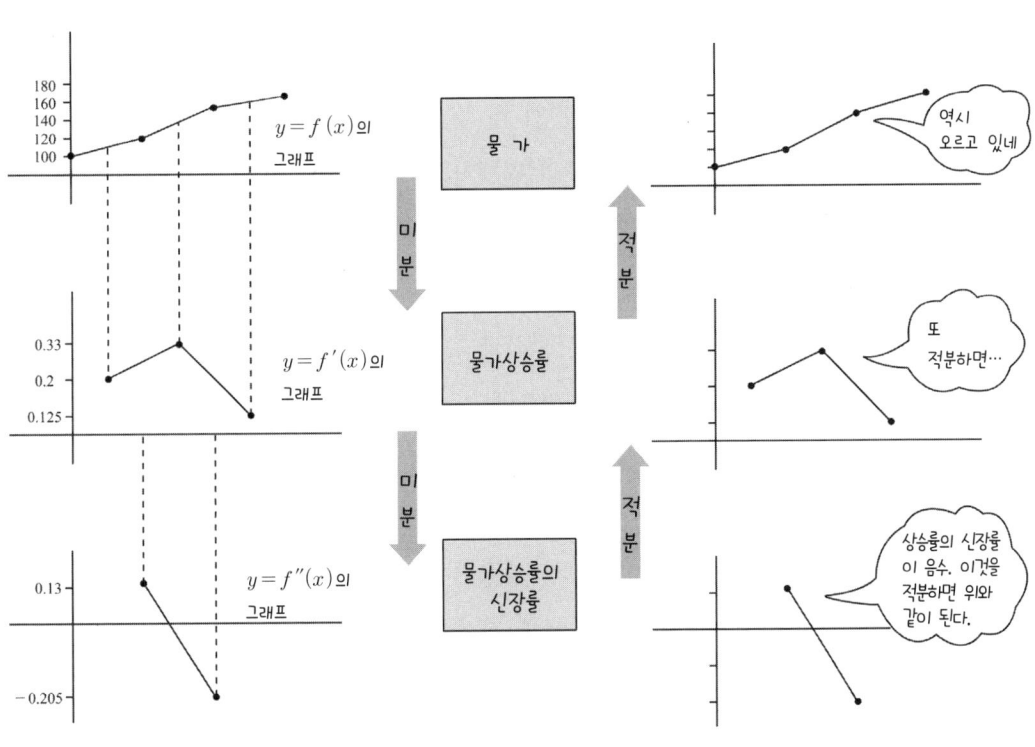

제5장 미적의 눈으로 보다

속도 · 거리 · 가속도의 삼각관계

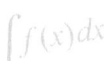

뉴턴은 미분을 "유율법(流率法)"이라 불렀습니다. 즉 흐름의 속도에 미분이 사용되었던 것입니다. 이 책에서도 순간속도에서 미분을 유도했습니다. 그래서 역학의 운동 이론을 알기 위해서는 미분과 적분을 연습해야 하는 것입니다. 이와 같이 미분과 속도는 끊으려야 끊을 수 없는 관계가 있습니다.

속도를 설명했으므로 그쪽을 한 번 더 정리합시다. 등속운동, 즉 속도가 변하지 않는 운동을 하고 있는 물체의 진행거리는 시간에 정비례합니다. 속도가 c이고 시간이 t이면 진행거리는 ct가 됩니다. 즉 진행거리를 시간으로 미분하면 속도가 되는 것이죠. 거꾸로 속도를 시간으로 적분하면 진행거리가 됩니다.

또한 등가속도 운동이라는 것은 시간과 속도가 일정한 비율로 계속 같이 증가하는(감소하는) 운동입니다. 이 경우에도 속도를 적분하면 진행거리가 되고 진행거리를 미분하면 속도가 됩니다.

이 경우 진행거리가 크게 변할 때에는 속도가 커집니다. 따라서 진행거리의 미분인 속도는 진행거리의 변화의 비율을 나타냅니다.

속도의 식을 다시 미분하면 어떻게 될까요? 그것은 속도의 변화의 비율을 나타낸다고 생각해도 좋겠지요. 그것을 가속도라고 합니다. 속도가 재빠르게 올라가면 가속도가 있는 것입니다.

이 진행거리, 속도, 가속도의 관계는 다음 쪽의 그림에서 보는 대로입니다.

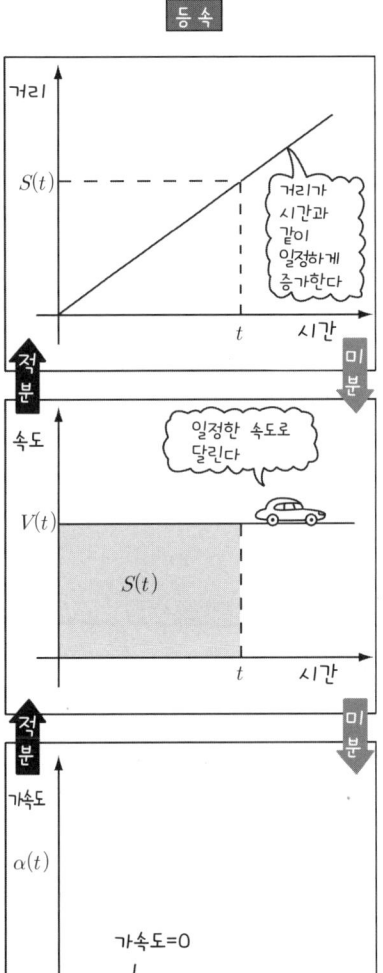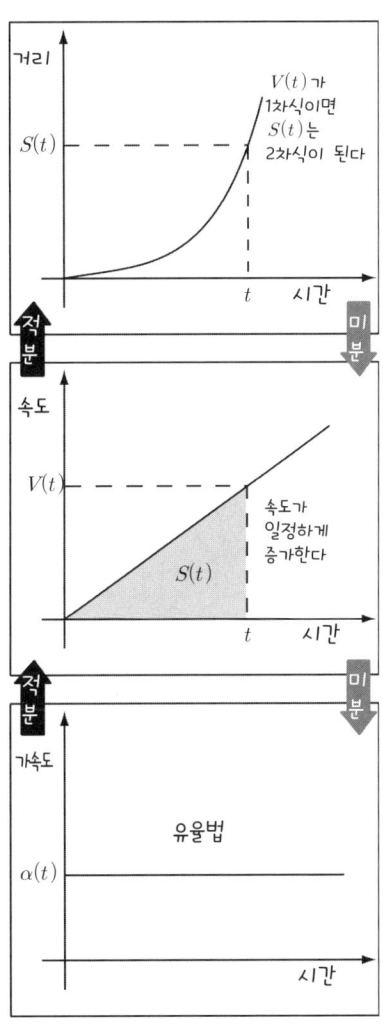

공의 궤적이 포물선인 이유

등가속도 운동에서 속도는 시간에 관하여 1차식이었죠. 이것을 시간에 관해 적분하면 2차식이 되고 그래프로 그리면 포물선이 됩니다.

야구 경기에서 쳐 올린 공이 포물선을 그리는 것은 물체의 낙하운동이 등가속도 운동인 것을 보여주는 것입니다.

그림에서 mg가 공에 가해지는 힘 (아래방향) = 중력이고 g가 아래로 향하는 '가속도'이다.

따라서

상승속도 $= -gt + v_o$

높이 $= -\frac{1}{2}gt^2 + v_o t$ (t는 시간)

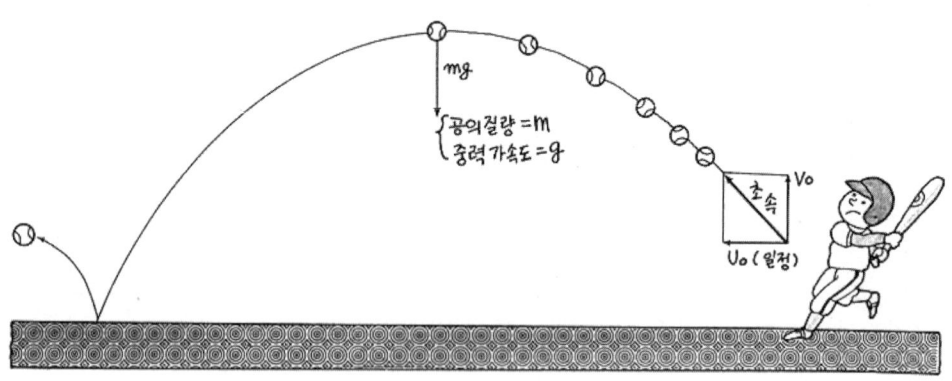

인공위성의 속도

인공위성은 지구 주위를 타원궤도로 운동합니다. 인공위성은 그 운동에 의한 원심력과 지구의 중력이 균형을 이루고 있으므로 떨어지지도 않고 날아가 버리지도 않고 반영구적으로 도는 것이 가능합니다. 이 인공위성의 운동도 미분, 적분으로 기술할 수 있습니다. 여기에서는 특히 방송위성과 같이 완전한 원운동을 할 때의 속도를 계산하여 봅시다. 143쪽의 그림과 같이 인공위성 궤도의 반지름을 R이라 하고, 먼저 출발점을 정합니다. 인공위성이 t초 후에 그곳으로부터 At의 각도만큼 나아갔다고 하면 그 위치를 x축과 y축에 의해 두 개의 성분으로 표시할 수 있습니다.

이것을 각 성분마다 미분한 것이 속도로서 이것도 x축 방향과 y축 방향의 두 개의 성분으로 표시됩니다. 속도의 크기는 벡터의 크기 계산으로 나옵니다.

다음으로 이 속도를 다시 미분하면 가속도가 나옵니다. 이것도 두 개의 성분으로 되어 있습니다. 가속도의 크기도 벡터의 크기로 계산됩니다.

그럼 가속도에 질량을 곱한 것이 인공위성에 작용하는 원심력입니다. 또한 인력 mg에 의한 중력가속도는 g라고 알려져 있습니다.

이쪽은 수학보다 물리의 힘을 전제로 하므로 조금 어려울지 모르겠습니다. 그렇지만 이렇게 하여 인공위성 궤도의 반지름과 만유인력에 의해 인공위성의 속도는 결정되는 것입니다. 이 계산은 미분밖에 이용하지 않는다는 것에 주의합시다.

- 인공위성의 위치 $(R\cos At,\ R\sin At)$

  138쪽 설명에서 위치(거리)를 미분하면 속도가 된다.
  또한 $(\cos At)' = -A\sin At,\ (\sin At)' = A\cos At$
  이므로, $x,\ y$의 좌표 $(R\cos At,\ R\sin At)$를 미분하여

- 속도 $(-RA\sin At,\ RA\cos At)$

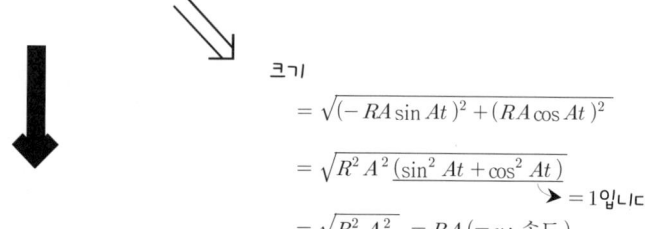

$$\text{크기} = \sqrt{(-RA\sin At)^2 + (RA\cos At)^2}$$
$$= \sqrt{R^2A^2\underline{(\sin^2 At + \cos^2 At)}} \quad \blacktriangleright = 1입니다$$
$$= \sqrt{R^2A^2} = RA\,(=v:\text{속도})$$

- 가속도 $(-RA^2\cos At,\ -RA^2\sin At)$

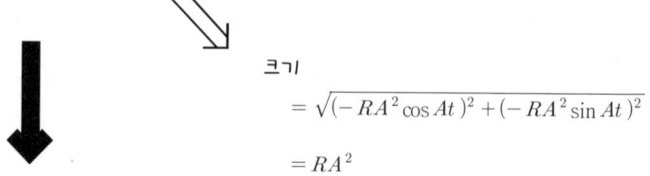

$$\text{크기} = \sqrt{(-RA^2\cos At)^2 + (-RA^2\sin At)^2}$$
$$= RA^2$$

인공위성에 작용하는 원심력(질량×가속도)은 mRA^2
지표 근처이면, 이것은 중력가속도에 의한 인력 mg와 같으므로

$$(\text{원심력})\,mRA^2 = mg\,(\text{중력})$$

∴ $RA^2 = g$로부터 $R^2A^2 = Rg$, 또한 $v = RA$로부터 $v^2 = Rg$

$$\therefore v = \sqrt{Rg}$$

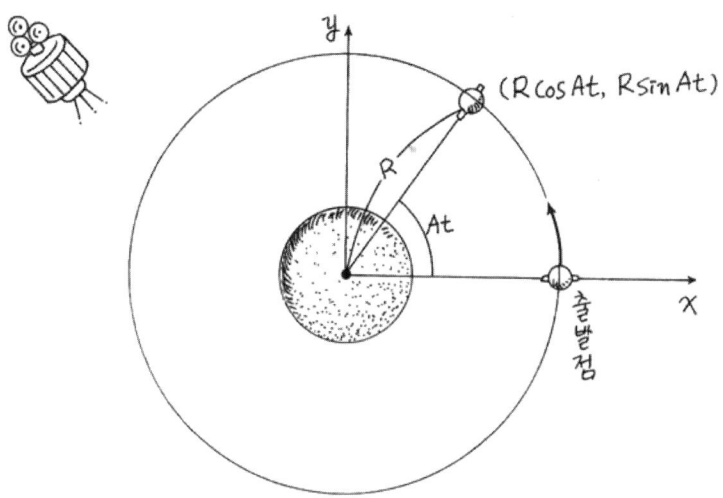

지상 36,000km(지구의 반지름은 6,400km)에 있는 정지위성의 경우, 두 물체의 거리가 멀어지면 인력은 감소하므로(거리의 제곱에 반비례) g 대신 $g_1 = 0.223$을 이용하여 속도를 생각하면

$$v = \sqrt{Rg_1} = \sqrt{(36000+6400) \times 1000 \times 0.223\,\mathrm{m/s^2}}$$
$$= \sqrt{9455200\,\mathrm{m/s^2}} = 3075\,\mathrm{m/s}$$
$$\fallingdotseq 3\,\mathrm{km/s}$$

제5장 미적의 눈으로 보다

입시문제

수험제도는 여러 가지로 변해도 입시 자체는 없어지지 않을 것 같습니다. 입시문제를 매년 만들고 있지만 사람들은 저마다 "너무 쉬워, 너무 어려워."라고 말합니다.

그 의미에서 3장의 "철판으로 가능한 한 큰 상자를 만든다."는 설정은 현실성이 있을 뿐만 아니라, 3차함수와 같은 적당한 형태가 되기 때문에 많은 출제자들이 선호합니다.

아래의 육각형 물통의 문제도 그와 같은 흐름을 담은 것입니다. 이 형태는 "상자" 문제에 비해 그렇게 알려져 있는 것은 아닙니다.

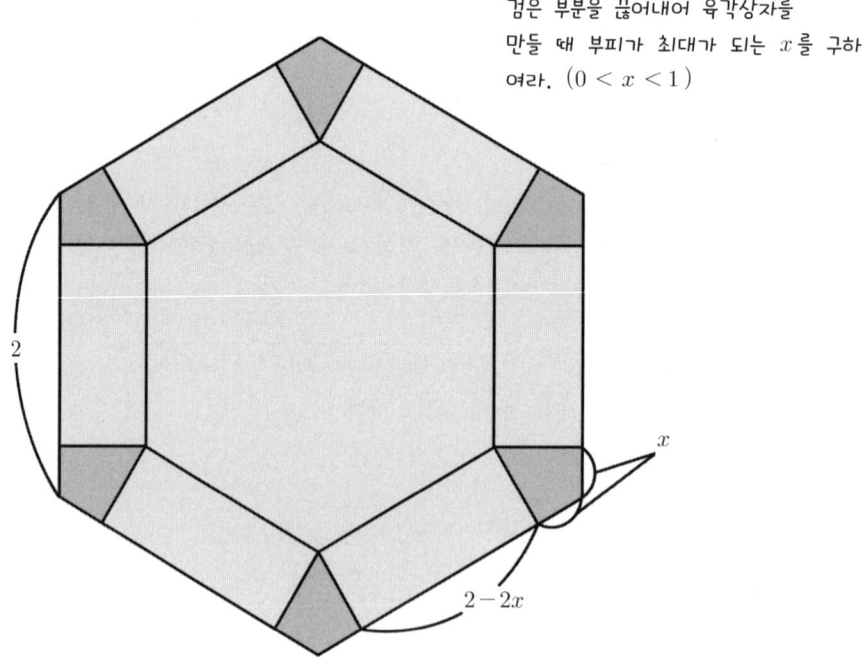

검은 부분을 끊어내어 육각상자를 만들 때 부피가 최대가 되는 x를 구하여라. $(0 < x < 1)$

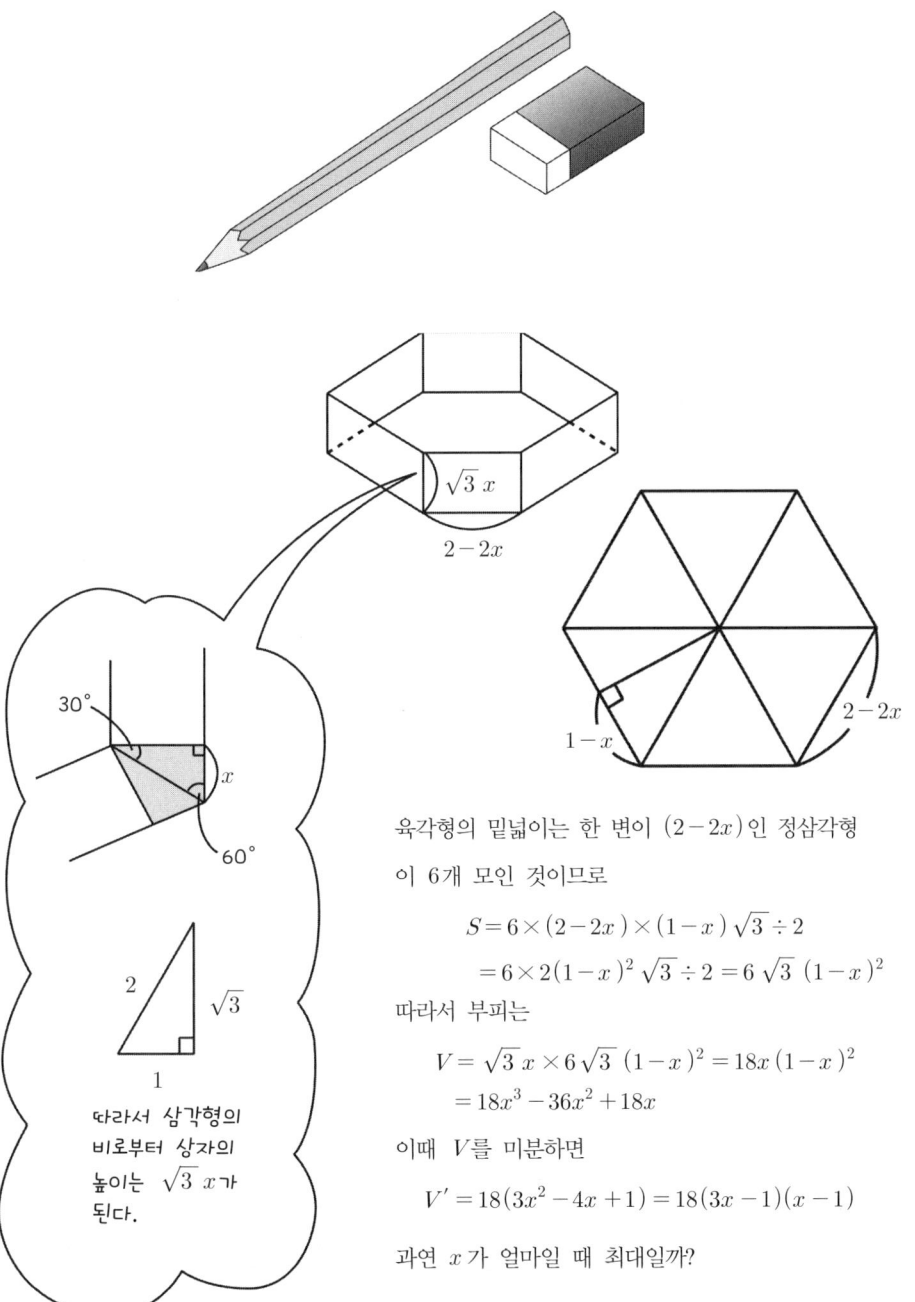

육각형의 밑넓이는 한 변이 $(2-2x)$인 정삼각형이 6개 모인 것이므로

$$S = 6 \times (2-2x) \times (1-x)\sqrt{3} \div 2$$
$$= 6 \times 2(1-x)^2 \sqrt{3} \div 2 = 6\sqrt{3}\,(1-x)^2$$

따라서 부피는

$$V = \sqrt{3}\,x \times 6\sqrt{3}\,(1-x)^2 = 18x(1-x)^2$$
$$= 18x^3 - 36x^2 + 18x$$

이때 V를 미분하면

$$V' = 18(3x^2 - 4x + 1) = 18(3x-1)(x-1)$$

과연 x가 얼마일 때 최대일까?

제5장 미적의 눈으로 보다

애로사항은 뜻밖의 곳에

그러면 앞에서의 문제 "육각형 용기의 최댓값"을 실제로 구해 봅시다. 스스로 풀면 대단합니다.

먼저 93쪽에 나왔던 그래프 그리는 방법을 이용하여 그래프의 개형을 그립니다. 그리고 그 그래프에서 "제일 높은 곳"을 찾으면 됩니다. 그래프는 함수를 미분하여 극댓값, 극솟값을 구하고 증감을 조사하여 그렸습니다. 여기까지는 간단합니다. 결국 다음 쪽과 같은 그래프가 그려지므로 최댓값은 x가 $\frac{1}{3}$일 때 $\frac{8}{3}$로 정해집니다. 실은 이 문제가

$$f(x) = 18x(1-x)^2$$

의 최댓값을 구하는 것이라고 이해하면 아무것도 아닙니다. 거기까지 다다르는 것이 의외로 힘이 듭니다.

즉 수험생과 관련되는 것은 이쪽의 해법이 아니고(이쪽의 해법은 패턴 그대로이다) 앞의 "상자의 높이"와 같은 기하의 초보적인 것일지도 모른다는 것입니다. 중학교 수준의 기하이지만, 고등학교에서는 그렇게 기하에 신경을 많이 쓰지 않으므로 의외로 힘들지 모릅니다.

미적은 기하의 학문이라는 것도 잊지 마세요.

앞쪽의 문제는 함수

$$f(x) = 18x(1-x)^2 \quad (0 < x < 1)$$

이 최댓값을 가질 때 x의 값을 구하는 것이다.

$$f(x) = 18x^3 - 36x^2 + 18x$$

$$f'(x) = 54x^2 - 72x + 18 = 18(3x-1)(x-1)$$

이므로 증감표를 작성하면

x	0	⋯	$\frac{1}{3}$	⋯	1
$f'(x)$		+	0	−	0
$f(x)$	0	↗	$\frac{8}{3}$	↘	0

그래프를 그리면

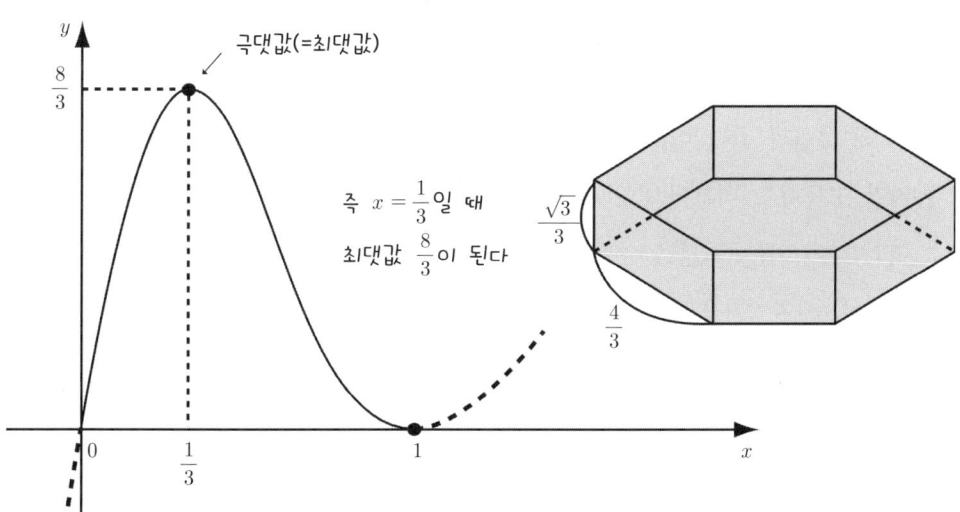

즉 $x = \frac{1}{3}$일 때 최댓값 $\frac{8}{3}$이 된다

굴절률은 무엇으로 정해질까

　모페르튀이의 "최소작용" 원리는 "자연은 가능한 한 효율이 좋은 방법을 택한다."는 것이었습니다. 이 원리에 의하여 자연현상을 분석하면 에너지, 시간 등의 최댓값, 최솟값 문제로 귀착함을 알 수 있습니다.

　우리들 인간 역시 최대, 최소에 의해 결정되는 것이 많은 것 같습니다. 오히려 이 원리는 인간의 행동에서 유추된 것일지도 모릅니다. 이 원리의 제일 좋은 예가 빛의 굴절입니다.

　빛이 투과속도가 다른 두 종류의 물체 사이를 투과할 때 그 경계선에서 굴절이 일어납니다. 공기 중에서 수중으로 빛이 들어갈 때 굴절하는 것은 어릴 때 수영장에서 경험해 보았겠죠. 수영장의 밑이 실제보다 상당히 얕아 보이는 것처럼 말입니다.

　그 굴절의 비율이 굴절률이며 입사각과 굴절각의 사인(sin)비입니다. 이 굴절률도 빛의 도달시간이 가장 짧은 길에 의해 계산됩니다. 이 최단시간을 계산하는 데 그림과 같이 미분이 대단히 유효합니다. 이 경우의 미분은 다소 까다롭지만 고등학교 미분의 범위에서 풀 수 있습니다.

　이와 같이 미분·적분을 수학의 한 분야로서 생각하지 않고 물리학을 비롯한 자연현상, 자연법칙을 푸는 도구로 생각하고 사용하다보면 미분·적분도 굉장히 친숙해질 것입니다.

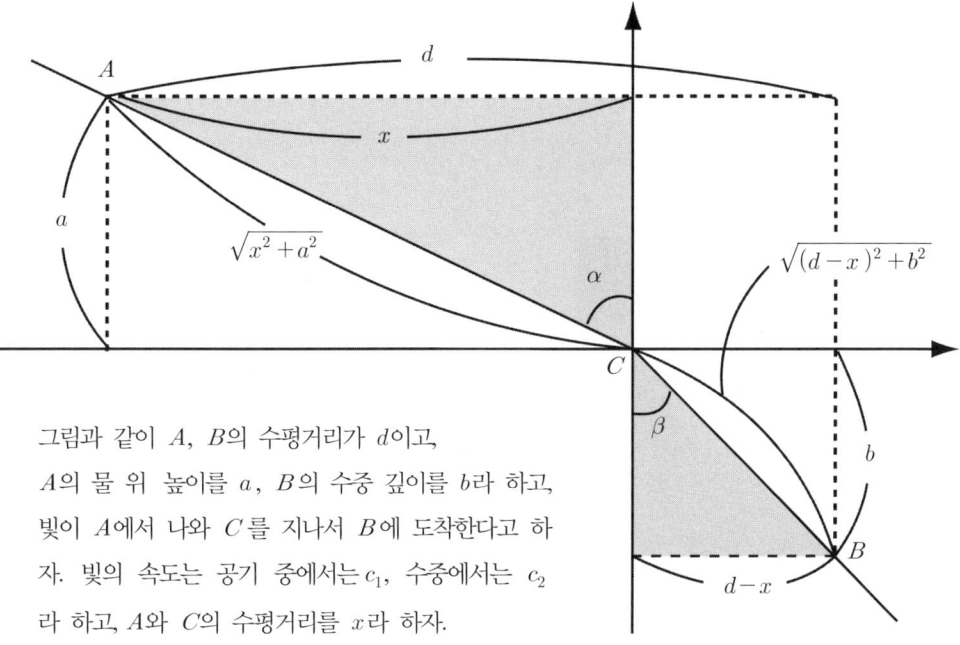

그림과 같이 A, B의 수평거리가 d이고, A의 물 위 높이를 a, B의 수중 깊이를 b라 하고, 빛이 A에서 나와 C를 지나서 B에 도착한다고 하자. 빛의 속도는 공기 중에서는 c_1, 수중에서는 c_2라 하고, A와 C의 수평거리를 x라 하자.

$$AC = \sqrt{x^2 + a^2}, \ BC = \sqrt{(d-x)^2 + b^2}$$

따라서 빛이 A에서 B까지 가는 시간은

$$f(x) = \frac{\sqrt{x^2 + a^2}}{c_1} + \frac{\sqrt{(d-x)^2 + b^2}}{c_2}$$

이것을 미분하면

$$f'(x) = \frac{c_2 x \sqrt{(d-x)^2 + b^2} + c_1 (x-d) \sqrt{x^2 + a^2}}{c_1 c_2 \sqrt{x^2 + a^2} \sqrt{(d-x)^2 + b^2}}$$

극값이 되는 것은 $f'(x) = 0$일 때, 즉 $f'(x)$의 분자가 0일 때

$$\therefore c_2 x \sqrt{(d-x)^2 + b^2} + c_1 (x-d) \sqrt{x^2 + a^2} = 0$$

즉, $\dfrac{c_1}{c_2} = \dfrac{x \sqrt{(d-x)^2 + b^2}}{(d-x) \sqrt{x^2 + a^2}} = \dfrac{\dfrac{x}{\sqrt{x^2+a^2}}}{\dfrac{d-x}{\sqrt{(d-x)^2+b^2}}} = \dfrac{\sin\alpha}{\sin\beta}$

이것이 굴절률이다.

■ 모페르튀이(Pierre Louis Moreau de Maupertuis, 1698-1759, 프랑스)

　　모페르튀이는 실제로 행동하는 물리학자로 알려져 있습니다. 당시 지구에 대하여 "자오선과 적도는 어느 것이 더 길까?"라는 대논쟁이 있었습니다. 실제로는 아주 조금 다르지만(0.2%) 데카르트(자오선)와 뉴턴(적도)의 우주론의 차이가 그 논쟁의 배경에 있었던 것입니다. 모페르튀이는 탐험대를 조직하여 지구를 계측하고 뉴턴설(적도)이 정당함을 증명했습니다.
　　실은 빛의 굴절에 대한 원리는 페르마가 이미 발표하였는데, 모페르튀이는 그것을 자연현상 전반에 폭넓게 적용한 것입니다.
　　그의 논문은 "신의 생각에 의해…"라고 계속 기술되어 있어, 거의 신학적인 것입니다. 그중 최소작용의 원리는 자연과학을 미분·적분으로 기술할 때의 기본이 됩니다.

제 6 장
카발리에리의 원리로 적분을 마스터하다

햄의 부피

넓이는 이제까지 얇게 자른 막대그래프로 생각했는데, 그렇다면 부피는 어떻게 생각해서 구할 수 있을까요?

앞에서 사인곡선을 햄에 감긴 얇은 셀로판지로 생각했죠. 여기에서 한 번 더 햄을 사용해 봅시다.

여기에 햄이 있습니다. 이 햄의 부피는, 얇고 둥글게 썰어서 각각의 부피를 계산하여 더해도 같습니다. 얇게 썰면 그 부피는 "넓이와 두께"를 곱한 것이 됩니다. 즉 얇은 감자칩을 모아서 감자로 돌아오게 하는 것입니다.

이렇게 하여 둥글게 썬 면의 넓이를 더해서 부피를 알 수 있습니다.

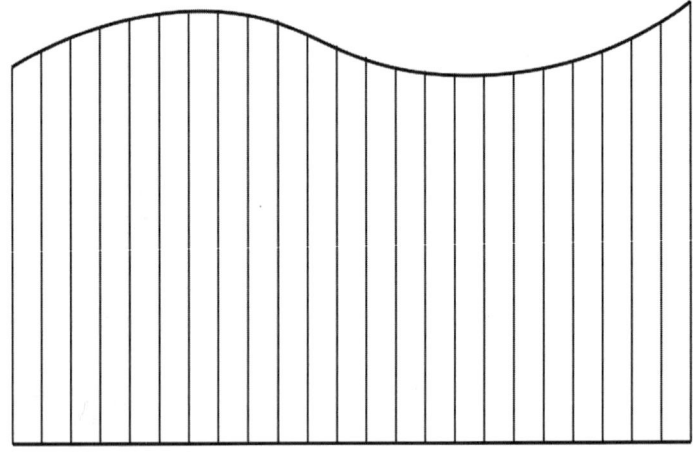

넓이는?

얇고 잘게 자른 막대그래프였다.

햄

그러면 부피는?

얇고 둥글게 자른 면의 넓이를 더하여 두께를 곱하면 된다

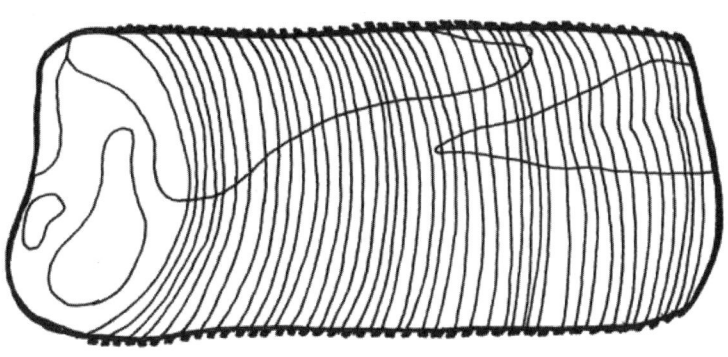

두께 dx

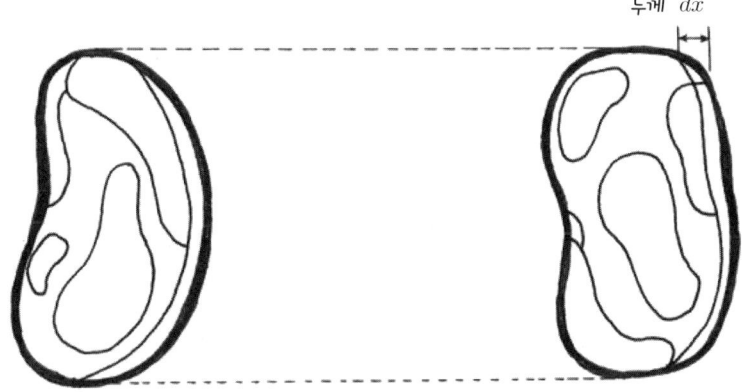

이 햄의 부피 $V(x)$는
$S(x) \times dx$를 전부 더하는 것, 즉
$$V(x) = \int S(x)dx$$

신기한 카발리에리의 원리

다음 그림을 보십시오. 두 개의 TV에 같은 얼굴이 비치고 있습니다. 한쪽의 TV는 상태가 좋지 않아서 영상이 많이 흐트러져 있습니다. 주사선의 안정성이 좋지 않은 듯 가로로 어긋나 있습니다.

그럼 이 두 개 화면의 도형 넓이는 어느 쪽이 클까요?

실은 같은 크기입니다. 왜냐하면 주사선 상에서 대응하는 각각의 길이가 아래 그림과 같이 똑같기 때문입니다. 또한 넓이는 그 막대그래프의 길이로 결정되므로 같은 넓이가 되는 것입니다. 즉 "각각 잘린 곳에서 길이가 같으면 넓이도 같게 된다."는 것입니다.

이것을 발견한 사람이 카발리에리입니다. 그는 이탈리아의 수도사에서 수학자가 된 사람입니다. 그래서 이 성질을 카발리에리의 원리라고 합니다.

"카발리에리의 원리"는 고등학교 수학 교과서에는 나오지 않으므로 모르는 사람이 많은 것은 당연합니다. 그렇지만 카발리에리의 원리는 알고 있으면 도움이 많이 되는 유용한 원리입니다.

미분·적분은 뉴턴과 라이프니츠에 의해 확실히 완성됐지만 미분·적분을 직감적으로 이해하기에는 이 카발리에리의 원리가 굉장히 유효하며, 실용적인 면에서 다채롭게 응용되므로 기억해둡시다.

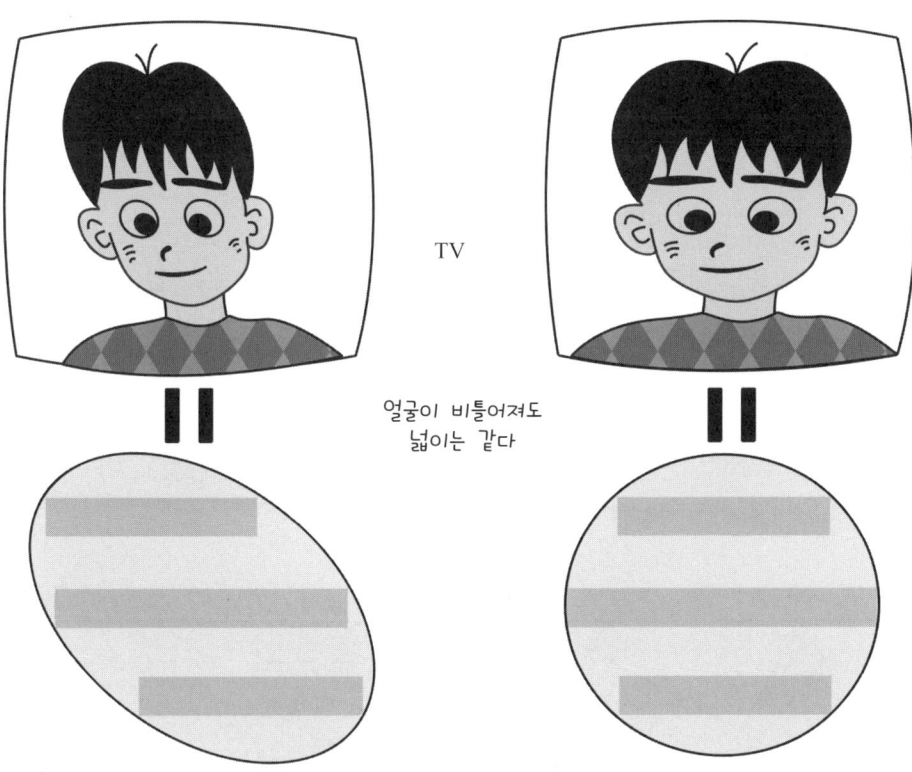

제6장 카발리에리의 원리로 적분을 마스터하다

무엇이든 "카발리에리"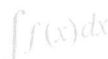

카발리에리의 원리는 알아채기 힘든 곳에서 많이 나타납니다. 그중의 하나가 삼각형이나 평행사변형의 넓이입니다.

예를 들면 삼각형은 밑변의 길이와 높이가 같으면 넓이도 같습니다. 그것은 그림의 삼각형과 사각형에서 각각의 잘린 부분의 길이가 같은 것으로부터 알 수 있습니다. 이것이 바로 카발리에리의 원리가 아닙니까?

같은 방법을 그대로 적용하여 오른쪽 타원의 넓이를 구할 수는 없습니다. 그러나 그림과 같이 카발리에리의 원리로부터 원의 비를 사용하면 시원스럽게 풀리는 것입니다.

모페르튀이의 원리는 아니지만 최소의 노력으로 최대의 힘을 발휘하는 영리한 방법입니다.

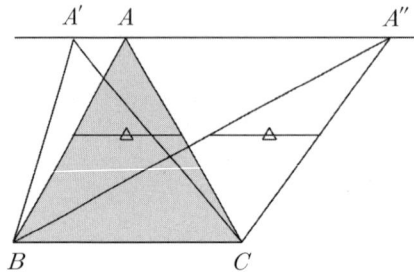

밑변과 높이가 같으므로 △ABC, △A'BC, △A"BC가 모두 같은 넓이. 이것도 카발리에리의 원리의 응용이다

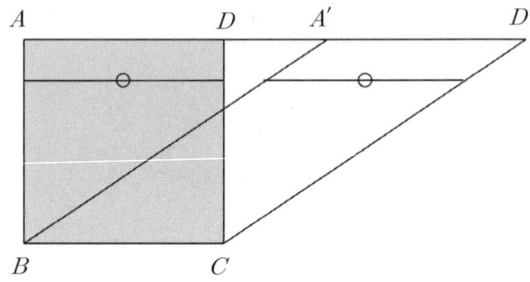

정사각형 ABCD와 평행사변형 A'BCD의 넓이가 같은 것도…….

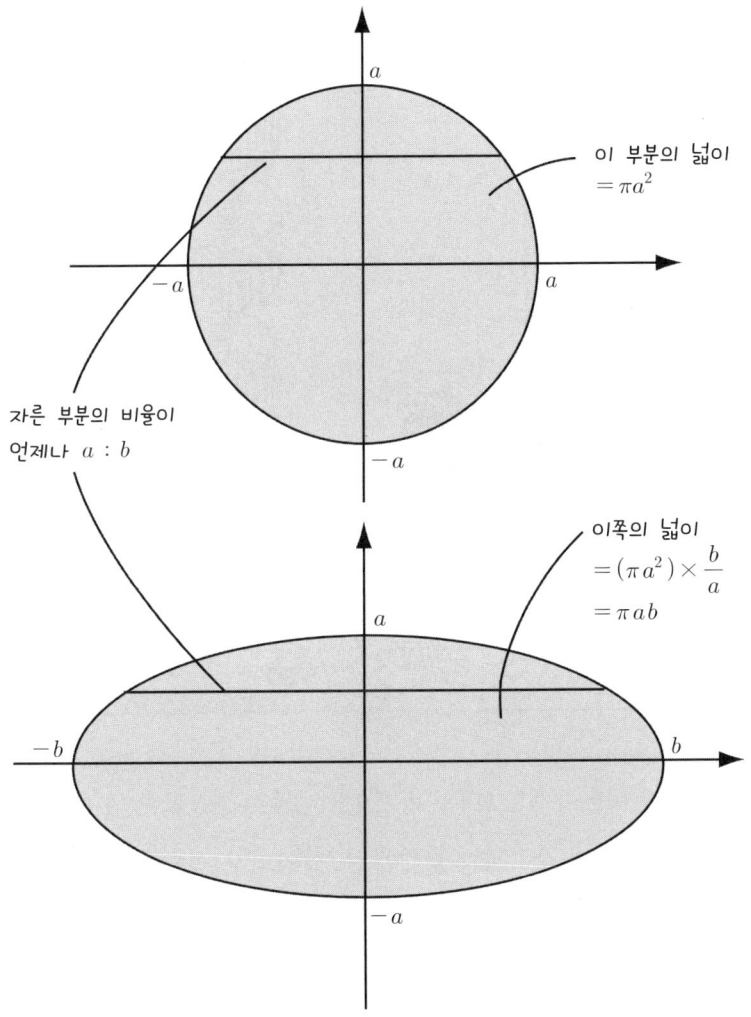

제6장 카발리에리의 원리로 적분을 마스터하다

오뚝이 수학

위의 "오뚝이 떨어뜨리기" 그림을 봐주세요. 한쪽은 잘 쌓여 있지만 다른 쪽은 굉장히 불안정합니다. 두 개의 형태에는 큰 차이가 있습니다. 그러면 어느 쪽의 부피가 더 클까요? 너무 명백한 질문이어서 화를 낼지도 모르겠습니다. 같은 것은 움직여도 부피는 변하지 않죠. 따라서 당연히 부피는 같습니다.

앞에서도 비슷한 것을 경험했습니다. 넓이에서의 "카발리에리의 원리"였는데, 이 예로부터도 알 수 있듯이 부피에 관해서도 카발리에리의 원리가 성립하는 것입니다.

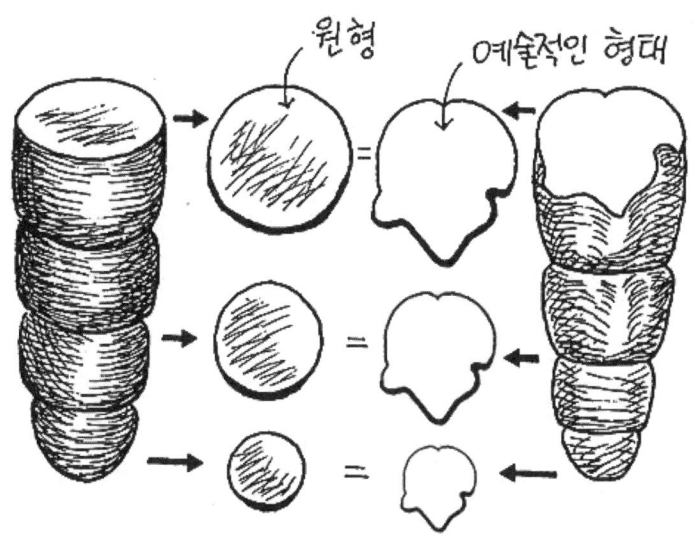

　카발리에리의 원리의 기본은 "움직여도 부피는 변하지 않는다."였습니다. 몇 번인가 햄의 예를 들었습니다만 다시 한 번 들겠습니다.

　두 개의 햄이 있습니다. 한쪽은 잘린 면이 원형이고 다른 쪽은 예술적으로 만든 도형이라 합시다. 두 개를 같은 높이에서 수평으로 끊으면 각각의 잘린 면은 상당히 다른 모양이 되지만 반드시 넓이는 같도록 만들었습니다.

　이 두 개의 햄 중 어느 쪽이 좋은가는 사람에 따라 다르겠지요. 그러나 어디에서 잘라도 같은 넓이이면 같은 양의 햄으로 간주할 수 있습니다. 즉 두 개의 햄의 부피는 같게(무게도 같고) 됩니다.

　이와 같이 카발리에리의 원리는 잘린 면의 넓이로 부피가 결정되는 것에서 유래했습니다.

왜 원뿔은 원기둥의 $\frac{1}{3}$ 일까

여기에 밑넓이와 높이가 같은 원기둥과 원뿔 용기가 있습니다. 두 용기의 용량 관계를 측정하기 위해서는 원뿔 모양의 용기에 물을 부어 원기둥 모양의 용량에 부어 보면 될 것입니다.

그렇게 하면 정확히 세 번 부을 수 있다는 것을 알 수 있습니다. 즉 원기둥의 부피는 원뿔 부피의 세 배가 되는 것입니다.

이렇게 하여 원뿔의 부피는

$$\frac{밑넓이 \times 높이}{3}$$

가 되는 것입니다.

원기둥의 부피는
$\pi r^2 \times h$ 이므로
원뿔의 부피는
$$\frac{\pi r^2 \times h}{3}$$
이것은
$$\frac{밑넓이 \times 높이}{3}$$
라고 말할 수 있다.

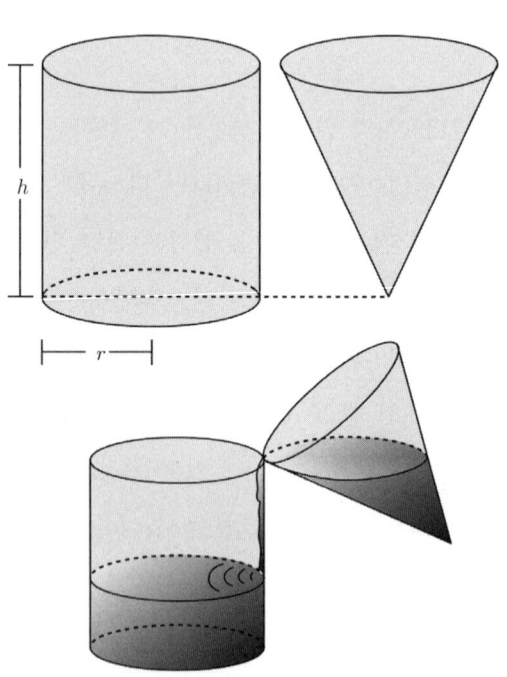

같은 방법으로 사각뿔에 대해서도 말할 수 있습니다. 사각뿔이므로 $\frac{1}{4}$이 되는 것이 아니고 역시

$$\frac{밑넓이 \times 높이}{3}$$

입니다. 이 관계는 삼각기둥과 삼각뿔에서도 같습니다. 즉 삼각뿔, 사각뿔, 원뿔은 밑면의 모양이 달라도 부피의 공식은 꼭 같습니다.

이 사실로부터 원뿔, 삼각뿔, 사각뿔 등과 같이 "뿔"이라는 것의 부피는 그 "밑넓이와 높이"만으로 결정되는 것이라고 추측할 수 있습니다.

실제로 그 사실은 카발리에리의 원리로부터 다음과 같이 간단히 보일 수 있습니다. 아래와 같이 두 개의 뿔을 밑면에 평행인 평면으로 자르면 각각 밑면에 닮은꼴이 생깁니다. 그리고 각각의 닮음비가 일치하고 있습니다. 따라서 밑면의 넓이가 같으면 그 자른 면의 넓이도 같게 됩니다. 결국 카발리에리의 원리로부터 두 뿔의 부피는 같게 됩니다.

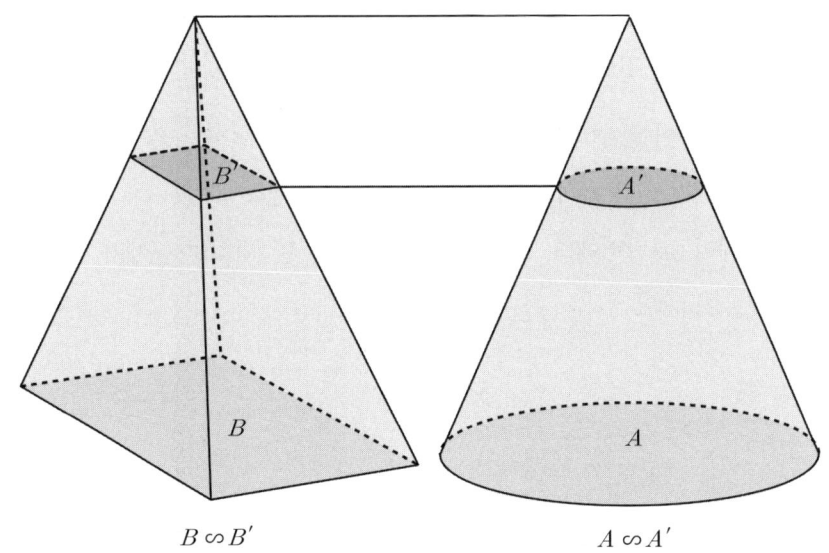

A와 A', B와 B'의 닮음비는 같다(∽는 닮음 기호)

정육면체 삼분하기

앞의 설명에서는 물을 부어서 부피의 계산식을 구했습니다. 이 방법은 중학교 교과서에도 채용할 정도로 실제 체험으로 알기 쉬운 예입니다. 그러나 수학의 논리로서는 다소 불만이 남는 것도 사실입니다.

여기에서 좀더 순수한 계산만으로 "뿔의 식"이 어떻게 될지, 정말로 원기둥이나 사각기둥처럼 기둥 모양의 $\frac{1}{3}$이 될 것인가를 생각해 봅시다. 앞서의 설명에 따라 뿔 가운데 하나에 대하여 그 부피를 계산할 수 있으면 됩니다.

이것에는 몇 개의 방법이 있습니다. 예를 들면 나중에 설명할 "회전체"의 부피 계산으로 원뿔의 부피를 계산하는 것도 하나의 방법입니다. 그러나 여기에서는 삼각형의 넓이를 평행사변형으로부터 구하듯이 기하학적 방법을 보이겠습니다. 즉 하나의 정육면체는 그림과 같이 합동인 사각뿔 세 개로 분해되므로 "사각뿔의 부피는 입방체 부피의 $\frac{1}{3}$"이 됨을 알 수 있습니다.

이 관계는 높이를 변화시켜 직육면체로 바꾸어도 변하지 않습니다. 그것은 역시 카발리에리의 원리에 의한 것입니다.

"카발리에리, 카발리에리, 카발리에리"라고 세 번 외치면 문제가 술술 풀릴 것 같지 않습니까?

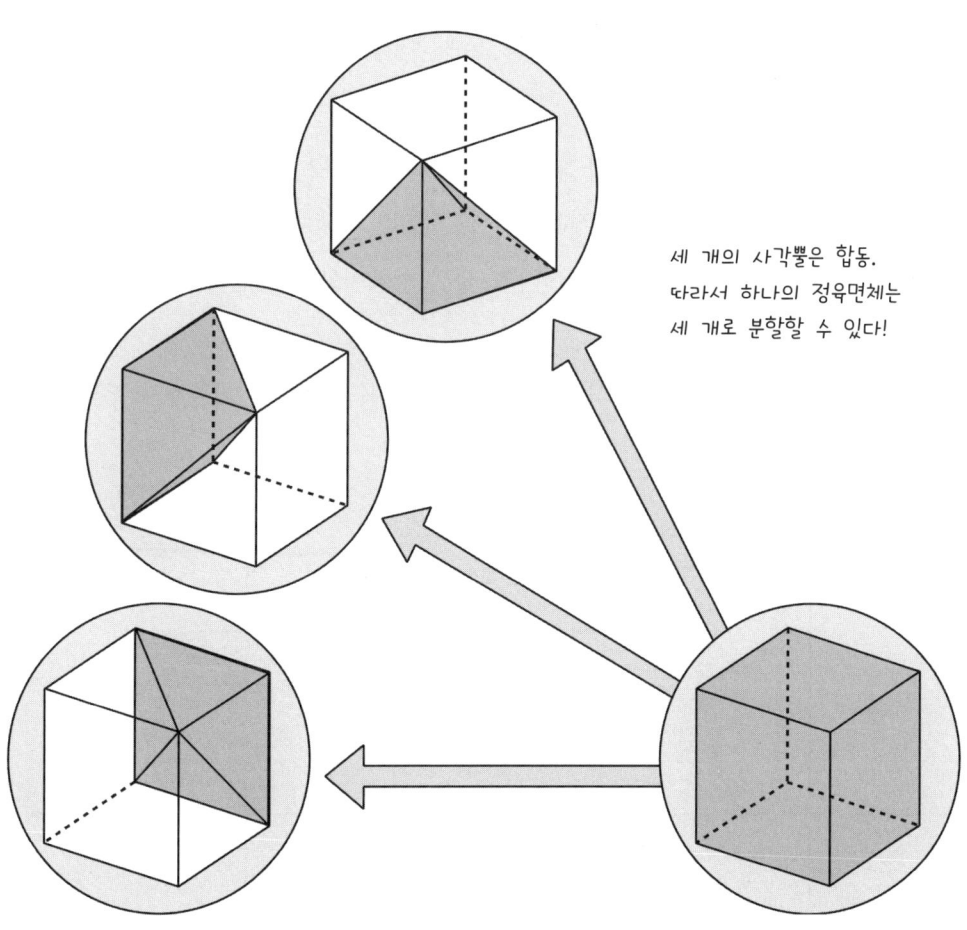

세 개의 사각뿔은 합동.
따라서 하나의 정육면체는
세 개로 분할할 수 있다!

꽃병의 물은

아래 그림의 꽃병과 같이 곡선을 어떤 축에 관하여 회전시켜서 만드는 입체를 "회전체"라고 합니다.

넓이를 계산할 때에는 "단면의 길이"를 적분하였습니다. 마찬가지로 부피를 계산할 때에는 "단면의 넓이"를 적분하면 될 것이라고 생각할 수 있습니다. 회전체라는 것은 그 이름과 같이 회전하여 생긴 물체이므로 당연히 그 단면은 모두 원입니다.

따라서 그 반지름은 곡선의 식에서 나올 것입니다. 그리하여 회전체의 부피를 계산할 수 있습니다.

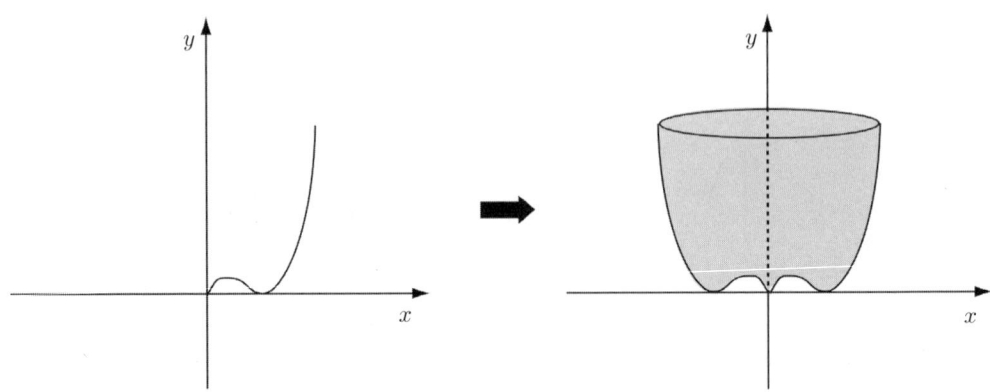

제6장 카발리에리의 원리로 적분을 마스터하다

원뿔의 부피

조금 전 사각뿔의 부피는 입방체의 부피의 $\frac{1}{3}$이 됨을 설명했습니다. 이 사실로부터 원뿔의 부피도 알 수 있었습니다. 그런데 원뿔은 회전체입니다. 따라서 "입방체의 $\frac{1}{3}$"이라는 간접적인 방법 말고 직접 계산으로도 구할 수 있습니다.

다음 쪽에서 정말로 $\frac{1}{3}$이 되는 것을 확인해 봅시다. 원뿔은 그림과 같이 함수 $y = \frac{r}{h}x$를 x축에 관하여 회전시키면 만들어지고 이 회전체의 x에서의 단면적은

$$\pi \left(\frac{r}{h}x\right)^2$$

입니다. 그것을 구간 $[0, h]$에서 적분하면······.

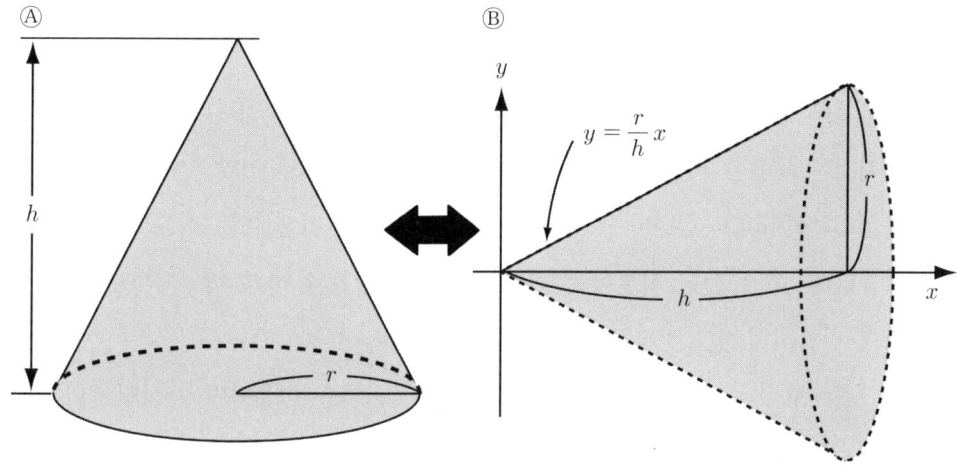

원뿔 Ⓐ는 Ⓑ의 $y = \dfrac{r}{h}x$ 를 x축 주위로 회전시켜 만든 것.

따라서 원뿔의 부피는

$$\pi \int_0^h \left(\dfrac{r}{h}x\right)^2 dx$$

$$= \pi \int_0^h \dfrac{r^2}{h^2} x^2 dx$$

$$= \dfrac{\pi r^2}{h^2} \int_0^h x^2 dx$$

$$= \dfrac{\pi r^2}{h^2} \left[\dfrac{x^3}{3}\right]_0^h \quad \Leftarrow \quad \left[\dfrac{x^3}{3}\right]_0^h = \dfrac{h^3}{3} - \dfrac{0^3}{3} = \dfrac{h^3}{3}$$

$$= \dfrac{\pi r^2 h^3}{3h^2} = \dfrac{\pi r^2 h}{3}$$

이것은 $\dfrac{\text{밑넓이}(\pi r^2) \times \text{높이}(h)}{3}$ 와 일치한다.

시험 순위 알아맞히기

　오른쪽 그림은 어느 전국 모의시험에 대한 성적분포도입니다.

　이것은 독특한 범종과 같은 모양을 하고 있는데 보통 이와 같은 곡선을 정규분포곡선이라고 합니다. 이론적으로 정규분포곡선의 넓이는 계산으로 알 수 있습니다. 이 곡선의 적분이 통계에서 중요한 역할을 하기 때문에 그 계산은 벌써 만들어져 있고 "정규분포표"라고 합니다.

　그림에도 그 일부분을 기재해 두었습니다. 이것을 이용하면 자신의 순위를 알 수 있습니다. 이와 같이 통계에도 적분의 원리가 쓰입니다.

전체 학생의 { 평균은 521.4점
　　　　　　 표준편차는 95.4
일 때 600점인 사람의 위치는 다음과 같다.

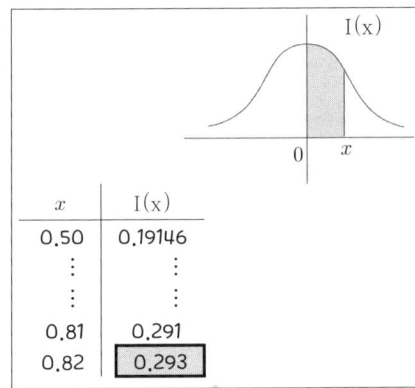

위의 0.8238은 정규분포를 적분한 넓이의 표(전체의 넓이를 1이라고 했을 때 0에서 x까지의 넓이 표)에서 읽으면 0.293이다. 따라서 점수가 600점 이상인 사람의 비율은 0.5−0.293=0.207이다. 모의시험을 본 전체 수험생의 수를 20만 명이라고 하면 600점 이상을 맞은 사람의 수는

0.207 × 20만 명 = 41,400명!

600점 맞은 사람의 등수는 적어도 41,400등이라고 예측할 수 있다.

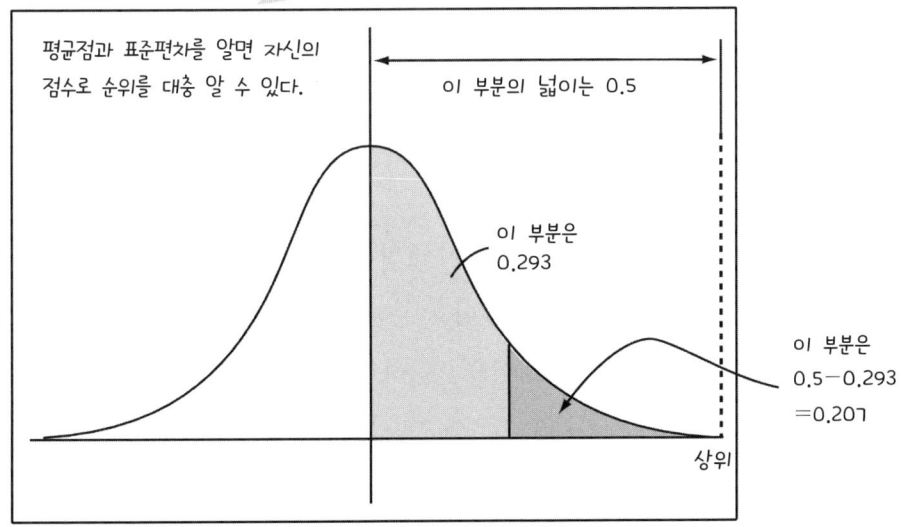

제6장 카발리에리의 원리로 적분을 마스터하다

심프슨 공식

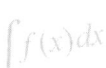

포물선으로 근사하여 적분을 계산하는 방법이 있습니다.

앞에서도 설명하였듯이 적분은 그 의미는 간단하지만 계산은 꽤 번거로운 것이 있습니다. 아무리 하여도 부정적분을 발견하지 못하는 것도 있습니다.

그와 같은 경우에는 구간을 아주 잘게 끊어 식을 계산하는 것이 적분의 정의에 일치합니다. 그러나 아주 잘게 끊는 것도 한도가 있어서 몇백 개의 구간으로 나누면 이번에는 그 덧셈이 쉽지 않습니다.

따라서 가능하면 적은 구간에서 더욱 정밀한 근삿값이 필요한데…….

여기에서 곡선의 근사라면, 취급하기 쉬운 곡선으로 근사하는 것이 더욱더 좋겠지요. 그렇다면 포물선입니다.

이렇게 하여 각각의 띠를 포물선으로 근사하여 넓이를 산출하는 방법이 고안되었습니다. 그것이 "심프슨의 공식"으로 다음 쪽의 그림과 같이 세 점 y_1, y_2, y_3를 지나는 부분의 넓이를 포물선으로 근사하면 다음과 같은 식으로 나타납니다.

$$\frac{y_1 + y_3 + 4y_2}{3}h \quad \text{(단, 띠의 폭은 } 2h\text{)}$$

그런데 미분이라는 것은 곡선을 일차식(접선)으로 근사하는 것이었습니다. 즉 차수가 작은 식으로 근사하는 것이 미분의 사고방식입니다. 다시 말하면, 여기에서의 방식은 미분의 사고방식을 이용하여 적분계산을 하고 있는 것입니다. 적분과 미분은 언제까지라도 떼려야 뗄 수 없는 것입니다.

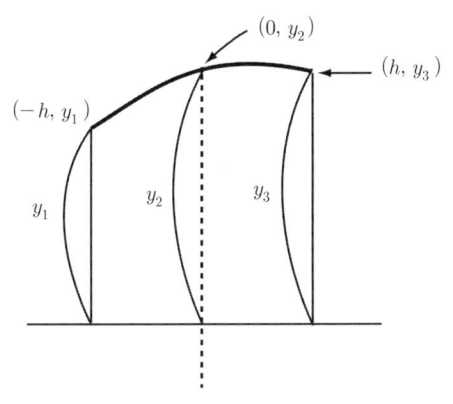

그림에서 포물선은
$$y = ax^2 + bx + c \quad \cdots \quad ①$$
이며, 세 점 $(-h, y_1)$, $(0, y_2)$, (h, y_3)을 지나므로 다음 식이 성립한다.
$$\begin{cases} ah^2 - bh + c = y_1 \\ c = y_2 \\ ah^2 + bh + c = y_3 \end{cases}$$
이것을 풀면
$$\begin{cases} a = \dfrac{y_1 - 2y_2 + y_3}{2h^2} \\ b = \dfrac{y_3 - y_1}{2h} \\ c = y_2 \end{cases}$$

따라서 $\displaystyle\int_{-h}^{h} (ax^2 + bx + c)dx$ 에 a, b, c를 대입하여 풀면 값은
$$\dfrac{y_1 + y_3 + 4y_2}{3}h$$

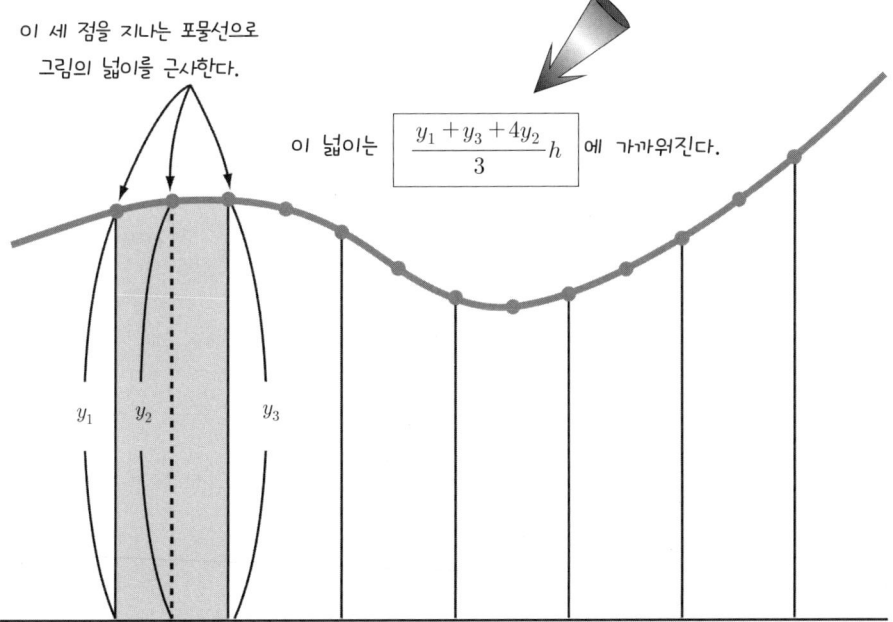

이 세 점을 지나는 포물선으로 그림의 넓이를 근사한다.

이 넓이는 $\boxed{\dfrac{y_1 + y_3 + 4y_2}{3}h}$ 에 가까워진다.

제6장 카발리에리의 원리로 적분을 마스터하다

후지 산

후지 산은 일본에서 제일 높은 산입니다. 이 산의 부피도 적분으로 계산할 수 있습니다. 그러나 이제까지 취급했던 도형과는 달라서, 등고선은 실제로는 보기 좋은 식으로 나타나지는 않습니다.

넓이라면 이런 때에는 잘게 잘라서 "사다리꼴로 근사"시킨다든지 "포물선으로 근사"시키는 등의 방법이 있습니다. 마찬가지로 부피의 경우에는 그림과 같이 잘라서 원뿔대로 근사시키는 것을 생각할 수 있습니다. 그러나 등고선 같은 경우에는 이 방법도 꽤 큰 작업이 필요합니다.

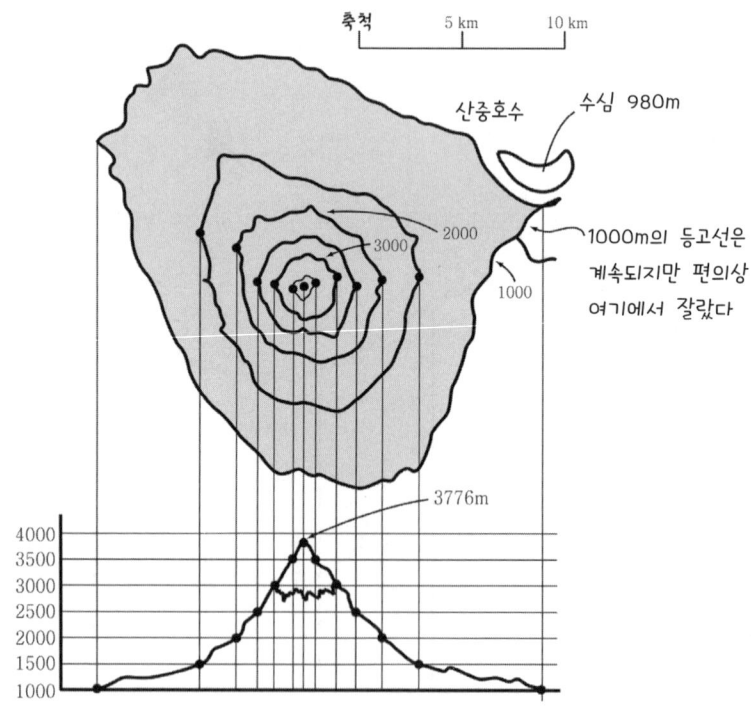

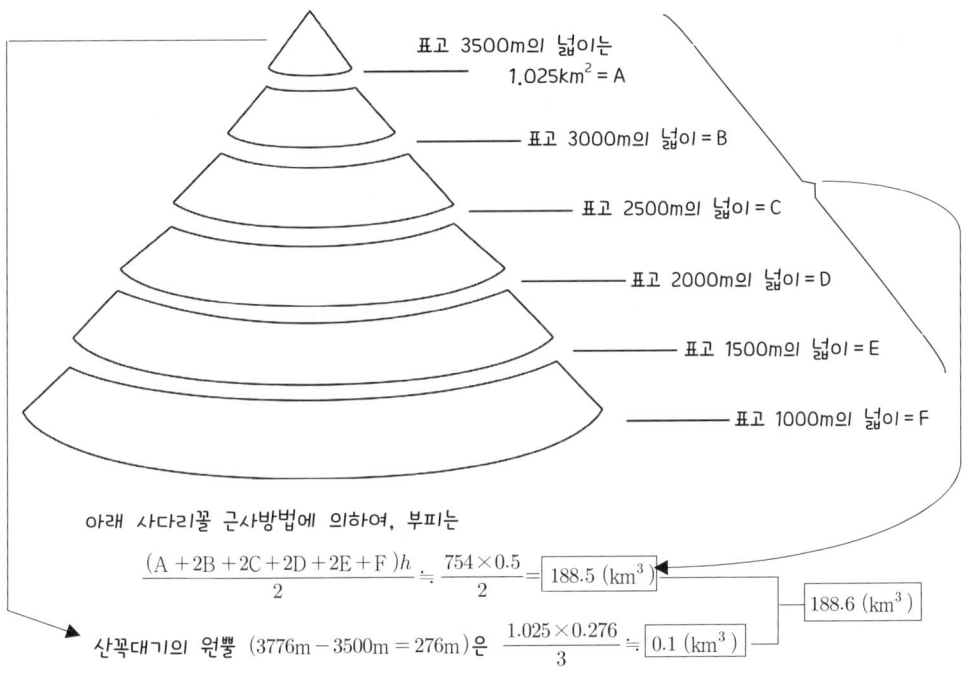

아래 사다리꼴 근사방법에 의하여, 부피는

$$\frac{(A+2B+2C+2D+2E+F)h}{2} \fallingdotseq \frac{754 \times 0.5}{2} = \boxed{188.5 \ (\text{km}^3)}$$

산꼭대기의 원뿔 $(3776\text{m} - 3500\text{m} = 276\text{m})$ 은 $\dfrac{1.025 \times 0.276}{3} \fallingdotseq \boxed{0.1 \ (\text{km}^3)}$

$\boxed{188.6 \ (\text{km}^3)}$

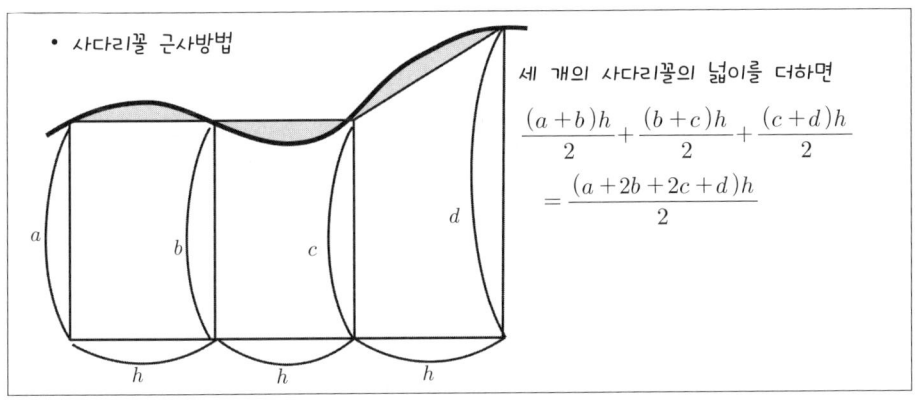

- 사다리꼴 근사방법

세 개의 사다리꼴의 넓이를 더하면

$$\frac{(a+b)h}{2} + \frac{(b+c)h}{2} + \frac{(c+d)h}{2}$$
$$= \frac{(a+2b+2c+d)h}{2}$$

여기에서는 어떻든 "근사"의 문제이므로 약간의 오차는 신경 쓰지 않고 "사다리꼴 근사"로 대용하여 보았습니다. 그림의 계산은 1000m 선 위의 어림셈입니다.

제6장 카발리에리의 원리로 적분을 마스터하다

■ 카발리에리(Bonaventura Cavalierie, 1598? – 1647,이탈리아)

　갈릴레오의 제자이며, 수도사로서 각지를 돌면서 평판이 높아져 대학 교수가 되었습니다. 그는 도형을 작게 잘라서 넓이를 계산함으로써, 근대에 "적분 탄생의 신호탄" 같은 일을 하였습니다. 이때 카발리에리의 원리를 생각해내었던 것입니다.
　실은 그에게 통풍이란 지병이 있었습니다. 당시에는 통풍의 아픔을 완화시키는 방법도 없었을 것입니다. 아픔을 잊기 위해 공부에 몰두했다고 전해지고 있습니다.

제 7 장
세상을 여는 열쇠를 가지다

핼리혜성을 예언한 남자

혜성 가운데 가장 유명한 것이 핼리혜성입니다.

핼리는 뉴턴의 친구로서 이 혜성의 궤도를 최초로 계산하였습니다. "뉴턴의 친구"라는 것이 하나의 포인트입니다. 왜 핼리 이전의 사람들이 핼리혜성의 궤도를 계산할 수 없었느냐 하면, 행성의 운동을 효율적으로 계산하는 미분적분학이 핼리의 친구인 뉴턴에 의해 드디어 완성되었기 때문입니다.

그때까지는 75년에 1회 정도 혜성이 나타난다는 것밖에 몰랐습니다. 핼리는 뉴턴의 만유인력의 법칙과 미분·적분을 이용하여 이 혜성의 궤도 계산에 성공하였습니다. 미분·적분에 의하여 궤도 계산은 대단히 간단해지기 때문입니다. 미분적분학에서는 케플러가 거의 일생에 걸쳐 연구한 케플러의 법칙을 학생들의 연습문제로 사용합니다.

핼리는 그 혜성의 주기가 약 76년으로 다음에 나타날 상황까지 예측하였습니다(그는 그것을 보지 못하고 사망했습니다). 그리고 꽤 정확히 핼리의 예언대로 그 궤도에 혜성이 나타났습니다.

이것은 당시 사람들에게 미분·적분의 우수함, 뉴턴이 이룬 업적의 위대함을 보이기에 충분한 결과였습니다. 이와 같은 의미로 핼리혜성은 미분·적분에서 기념할 만한 것이라 할 수 있습니다.

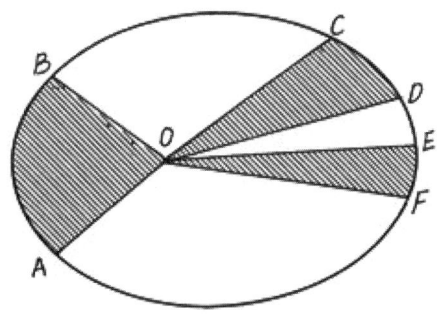

OAB, OCD, OEF의 면적은 모두 같다

보물섬일까 도깨비섬일까

매일 보는 일기도에는 곳곳의 바람의 방향과 강도를 나타내는 풍력기호가 쓰여 있습니다. 만약 풍력기호가 지구상의 모든 점에 쓰여 있다면 어떻겠습니까?

어떤 지역에서 풍선을 날리면 그 풍선이 언제 어디쯤에서 날고 있을까를 알 수 있을 것입니다. 즉 각 점에서 바람의 방향으로 날기 때문입니다. 이와 같은 것을 수학에서도 하고 있습니다. 이때 풍력기호는 벡터에 비유됩니다.

그러면 다음 그림과 같이 기구를 타고 보물섬을 향하여 나아가고 있다고 합시다. 만약 바람의 방향을 상세히 기록한 지도를 가지고 있다면 출발하기 전에 보물섬으로 향하는 곡선을 그려보기 바랍니다(이것이 해[solution]곡선). 정면으로 보물섬에 가기 위해서 A를 선택하면 큰일, 도깨비섬으로 가게 됩니다.

거꾸로 보물섬과는 방향이 다른 B를 향해서 출발하면…….

이와 같이 벡터로부터 곡선을 그리는 작업은 의외의 결과가 나옵니다. 공부에서도 먼 장래를 내다보는 곡선을 그리는 것이 중요합니다.

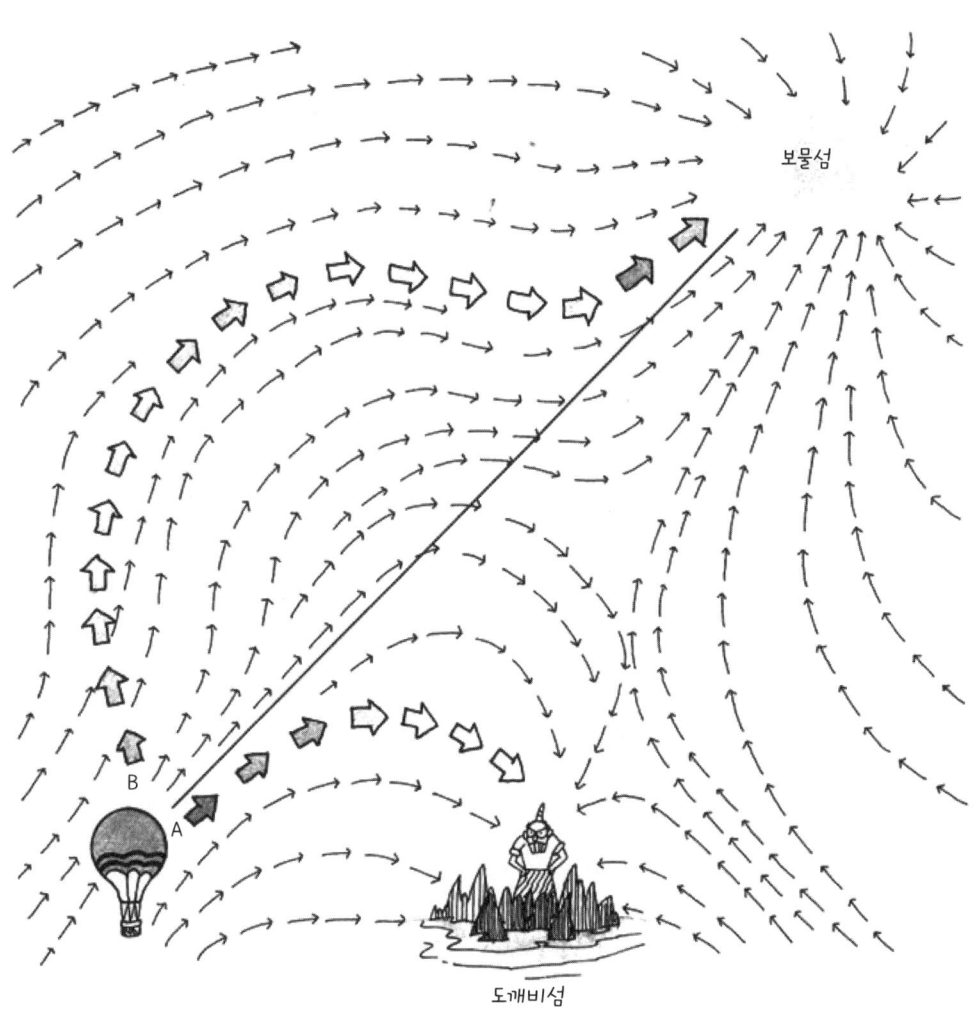

제7장 세상을 여는 열쇠를 가지다

현수교는 괜찮을까

긴 다리를 놓을 때, 기둥과 기둥 사이에 큰 보를 넣지 않기도 합니다. 이 경우에는 그 사이를 케이블로 매달아야 됩니다.

초기의 현수교는 몇 번이나 큰 사고를 일으켰습니다. 유명한 것은 1850년에 프랑스에서 일어난 앙제 다리 사고입니다. 다리가 무너져서 226명이나 사망하였다고 합니다.

이와 같은 사고의 원인은 현수교의 이론이 불완전했기 때문입니다. 문헌에 의하면 1820년 프랑스의 나비에(Navier)라는 현수교의 권위 있는 논문에서 "지주 사이의 길이가 길어지고 규모가 클수록 그만큼 안정성은 증가한다."고 단정 짓고 있습니다. 상식적으로 생각해도 의문이 들 만한 이론이 버젓이 통용되고 있었으므로 현수교가 무너진 것입니다.

현재는 안전하고 긴 현수교가 계속 만들어지고 있습니다만, 이것은 새로운 이론적인 근거가 생겨났기 때문입니다. 여기에도 실제로 미분, 적분이 크게 공헌하고 있습니다. 먼저 케이블 자체가 그리는 곡선은 현수선임을 스위스의 수학자 베르누이가 밝혔습니다. 현수선이란 것은 우리도 보통 전선 등에서 볼 수 있는 곡선입니다. 그래서 케이블에 무게가 걸리면 포물선이 되기도 합니다.

결국 이들 곡선을 이용하여 그림과 같이 현수교의 역학적 성질을 계산할 수 있게 되었던 것입니다(여기에 미분, 적분이 이용됩니다).

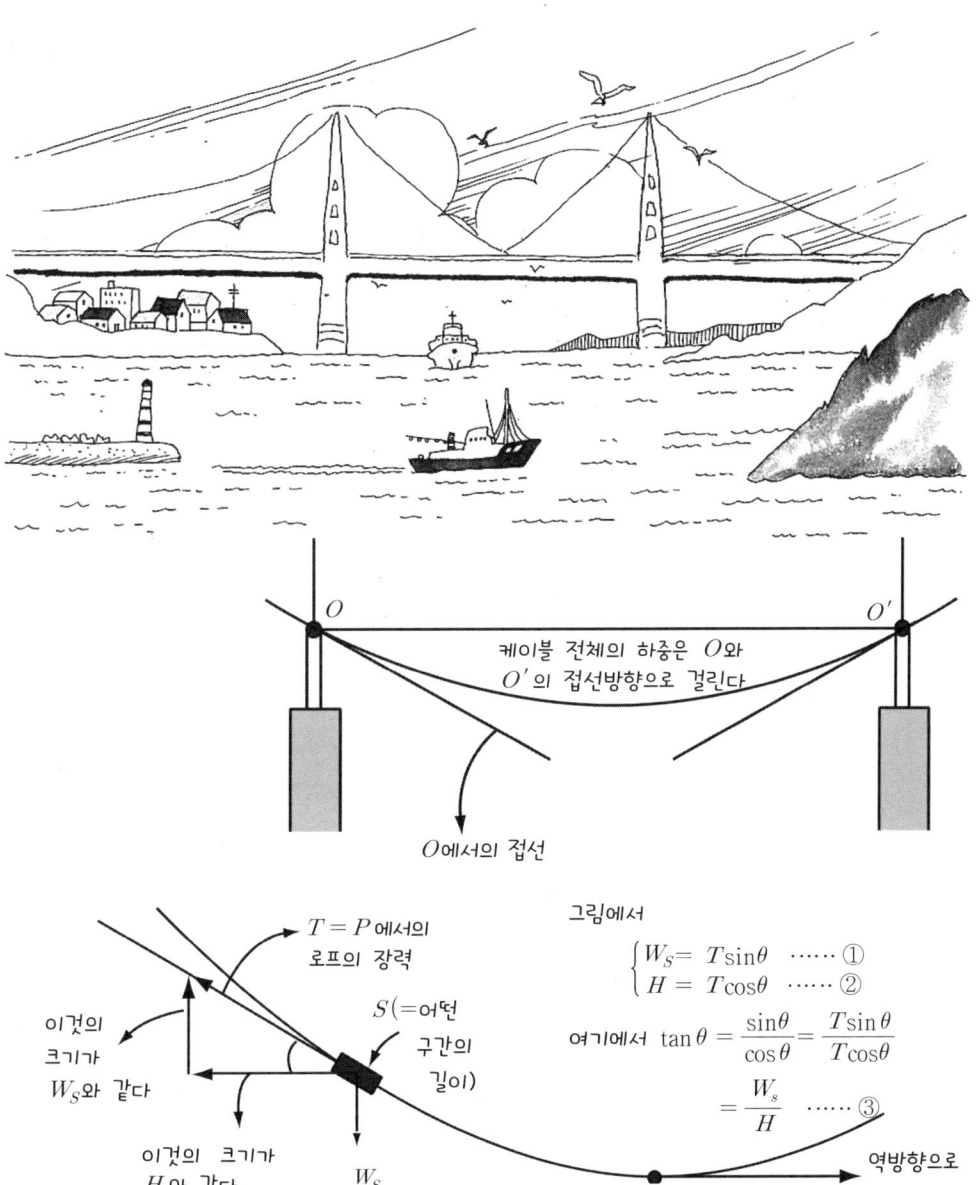

그림에서
$$\begin{cases} W_S = T\sin\theta & \cdots\cdots ① \\ H = T\cos\theta & \cdots\cdots ② \end{cases}$$

여기에서 $\tan\theta = \dfrac{\sin\theta}{\cos\theta} = \dfrac{T\sin\theta}{T\cos\theta}$

$\qquad\qquad\quad = \dfrac{W_s}{H} \cdots\cdots ③$

그러나 T는 접선이므로 각도 θ에 관하여 $\tan\theta = \dfrac{dy}{dx} = y' \cdots\cdots ④$

③, ④에 의하여 적분으로 풀면 $y = \dfrac{e^{ax} + e^{-ax}}{2a}$ (여기서 $a = \dfrac{W}{H}$)라는 곡선이 나옵니다.

제7장 세상을 여는 열쇠를 가지다

화석의 연대와 미분방정식

"이 뼈는 1억 년 전 쥐라기 시대의 것이다."라고 말하듯이, 공룡을 비롯한 화석의 연대가 여러 가지로 화제가 되고 있습니다. 그 연대 결정은 어떻게 할까요?

같은 지층 중에 연대 결정이 가능한 표준화석이 있으면 간단합니다. 그러나 그리 간단하지만은 않습니다. 표준화석도 연대 결정을 해야 하기 때문입니다.

여기에 "방사성 물질의 붕괴곡선" 계산이 사용됩니다. 방사성 물질은 언제나 그 양에 비례하여 붕괴되고 있습니다(그림 참조).

붕괴되어 줄어드는 속도의 식(183쪽의 식 ①)을 만들면 미분이 포함됩니다. 이와 같이 미분을 포함하고 있는 식으로부터 그 식을 만족하는 함수를 찾는 것이 미분방정식을 푸는 것입니다. 이것은 각 점에서 속도(접선)가 주어졌을 때 그것을 접선으로 하는 곡선을 찾아내는 것과 같은 것입니다.

명칭은 둘째 치고 연대 결정의 경우 양변을 적분하여 붕괴되어 줄어드는 원자 수의 식을 산출합니다. 그리고 이 계산을 ^{14}C (탄소 14)에 대하여 측정합니다. ^{14}C는 자연 중에 존재하며 식물체에 스며들어 붕괴되어 갑니다. 이 때문에 화석의 연대 측정에는 ^{14}C가 사용되어 그 붕괴의 정도로써 화석의 연대를 알 수 있습니다.

$y=$ 방사성 물질의 양
$x=$ 시간
$y=f(x)$를 시간 x로 미분한다면
$$f'(x) = \frac{d}{dx}y = \frac{dy}{dx} \quad \cdots ①$$
①이 붕괴속도이며 물질의 양과 비례하므로 $-hy$($-h$는 비례정수)와 같다.
즉
$$\frac{dy}{dx} = -hy$$
$$\therefore \frac{1}{y}dy = -hdx \quad \cdots ②$$
여기에서 ②식을 적분하면
$$\int \frac{1}{y}dy = -h\int dx \quad \cdots ③$$

▶ 124쪽의 적분공식으로부터
$$\int \frac{1}{y}dy = \log_e y$$
이므로 ③의 식은
$\log_e y = -hx + c$ (c는 정수)

$$\boxed{y = c \cdot e^{-hx}}$$

여기에서 c는 화석의
최초의 탄소 c의 양이며,
h는 탄소의 붕괴상수.
$e \fallingdotseq 2.7$이다.

제7장 세상을 여는 열쇠를 가지다

자동차의 미끄럼

"곡선의 접선을 긋는" 작업이 미분이었습니다. 여기서 제가 살고 있는 곳에서 겪은 "미분 경험담"을 얘기하겠습니다.

어떤 경험이었느냐 하면, 눈이 내렸음에도 체인을 감지 않고 자동차로 외출했는데 그만 커브길에서 미끄러져 도로를 벗어나 충돌한 것입니다.

자동차로 곡선을 따라 주행하면서 어느 지점에서 미끄러져 그대로 나아가면 그것은 접선과 같은 상태가 됩니다.

만약 자동차가 곡선을 따라 잘 나아간다면 각 점에서 접선과 같은 방향을 향하여 달리고 있는 상태라고 생각할 수 있습니다. 커브의 각 점(각 순간)에서 접선을 계속 그어 가는 것이므로 "커브에서는 속도를 내는 것에 주의"해야 하는 것을 이해할 수 있습니다.

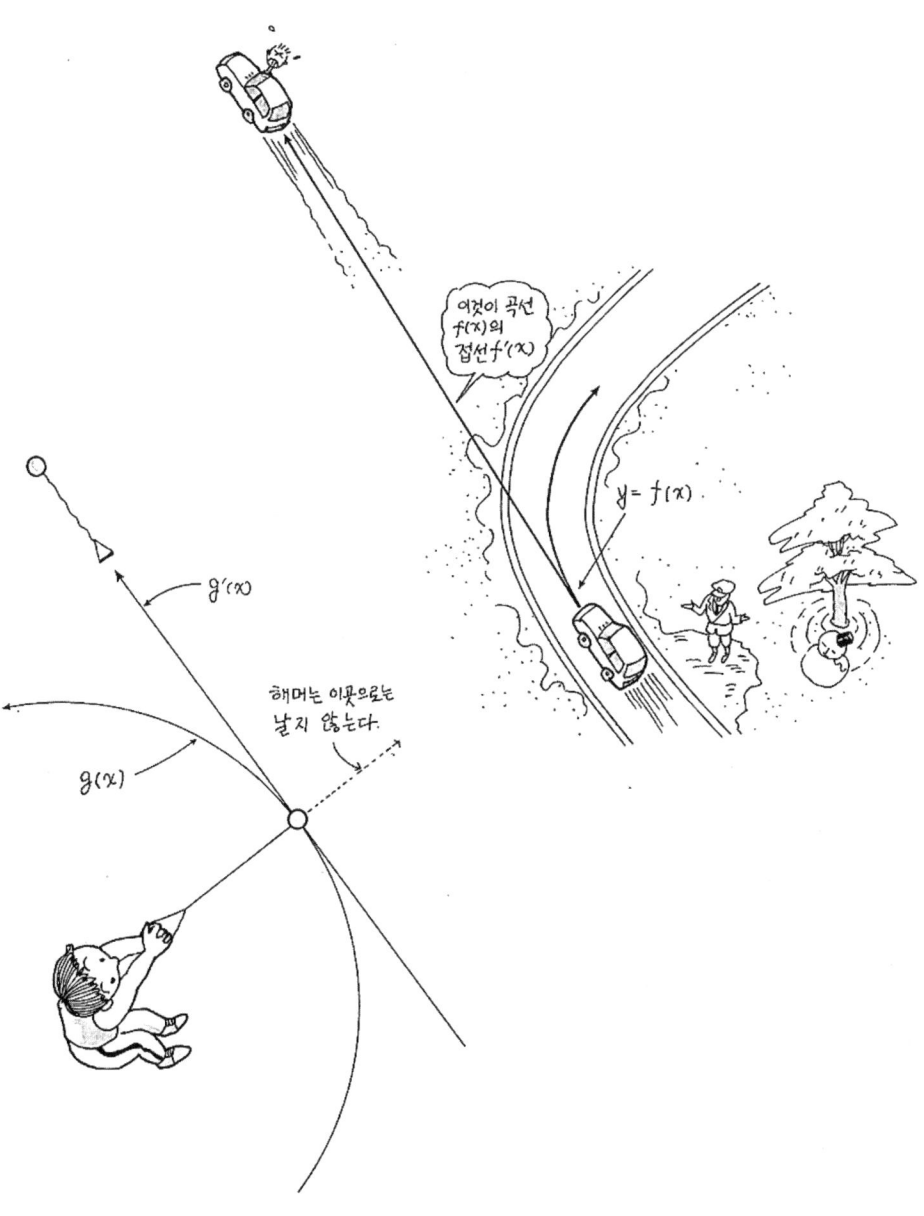

인터체인지의 비밀

자동차로 커브를 돌 때 핸들을 꺾어야 합니다. 운전이 능숙한지, 아닌지는 핸들 조작을 보고 알 수 있습니다. 서투른 사람은 급하게 핸들을 조작하지요. 따라서 급하게 옆으로 가속도가 붙어서 차 안의 물건이 미끄러져 내립니다. 하지만 운전의 베테랑이 되면 서서히 핸들을 꺾고, 서서히 돌아가기 때문에 그다지 충격은 있지 않습니다.

이 핸들의 조작 상태는 가속도와 많은 관계가 있습니다. 운전을 과학적으로 받아들이기 위하여 핸들을 꺾는 각도를 수학적인 양으로 표현해보죠.

여기에 관련되는 것이 굽은 정도, 즉 곡률(curvature)입니다. 이것은 핸들의 각도를 곡선의 식으로부터 구하고자 하는 것입니다. 곡률은 일정한 속도로 달릴 때 2회 미분한 것의 크기로써 정의됩니다. 곡률을 천천히 변화시켜 커브를 돌면 부드러운 운전입니다.

그러나 다음 그림과 같이 눈으로는 매끄러운 곡선으로 보여도 갑자기 핸들을 꺾어야 하는 지점이 있는 곡선에서는 곡률이 매끄럽지 않은 변화를 일으킵니다. 즉 운전이 매끄러울 수 없습니다.

곡률을 0에서부터 서서히 무리 없이 증가시키는(핸들을 서서히 조작) 형태의 곡선 중에 대표적인 것이 고속도로의 인터체인지에 사용되는 클로소이드 곡선입니다.

인터체인지의 커브도 멋대로 만들어지는 것은 아닙니다.

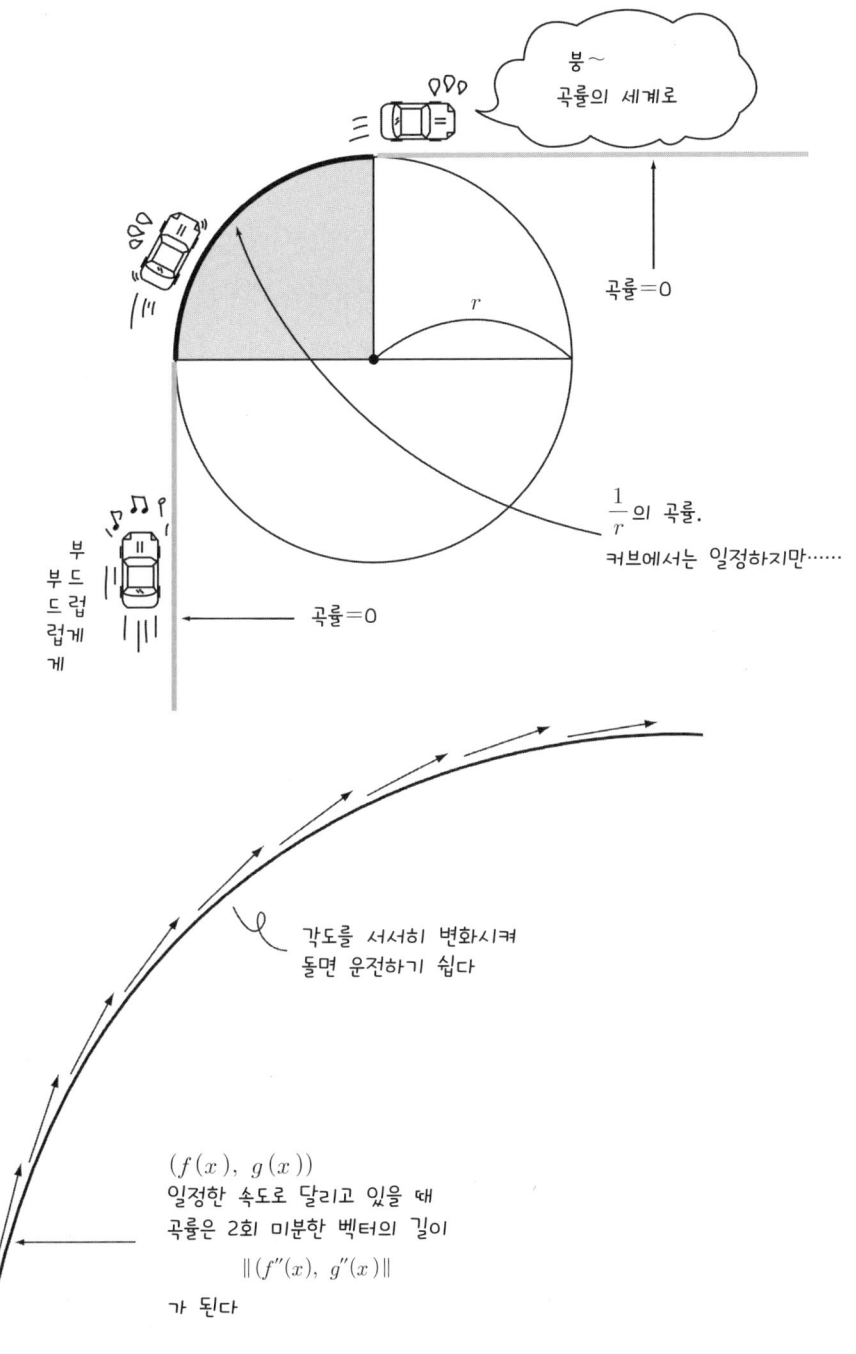

제7장 세상을 여는 열쇠를 가지다

관성항법장치

점보제트기 등에는 관성항법장치라는 것이 있습니다. 그것을 사용하면 착륙, 이륙, 날씨불순 등의 미묘한 경우 외에는 컴퓨터가 대부분 조작해 줍니다. 그 동안에 커피를 마시는 등 여유를 가지며 계기에 주의하면 되는 것입니다. 단 이중 삼중으로 확인하지 않으면 가끔 어처구니없는 방향으로 날아서 큰 사건을 일으킬 수 있습니다.

이 장치와 비슷한 것이 자동차에도 개발되어 있습니다. 그렇다 하여도 비행기와 달라서 운전사가 여유롭게 커피를 마실 수 없는 것은 조금 아쉽죠. 자동차에 이 장치를 붙이는 것은 "자신의 위치 확인"을 위한 것으로, 오토맵이나 내비게이션 같은 것입니다.

실은 이 관성항법장치의 구조가 미적과 많은 관련이 있습니다. 실제로 이 장치는 자동차나 제트기의 나아가는 방향과 속도의 센서에 의해 각 시점에서의 접선을 계속 계산하여 그것을 적분함으로써 자신의 위치를 결정하는 것입니다. 즉 "기구를 타고 보물섬에 가는" 방법과 같은 것이며 결국은 미분방정식을 푸는 것입니다. 또한 이것 외에도 자동차의 위치 확인 시스템으로서 인공위성의 전파를 사용하는 방법도 개발하고 있습니다.

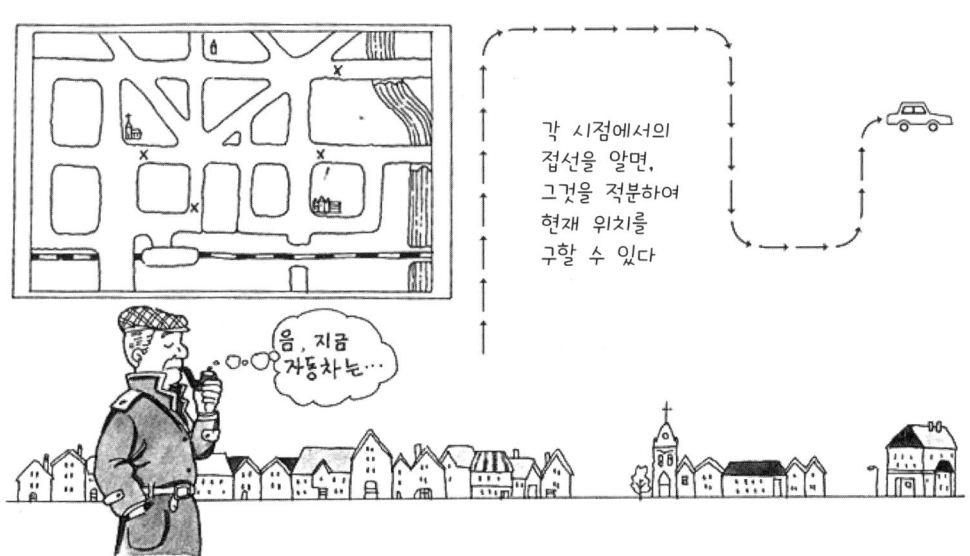

제7장 세상을 여는 열쇠를 가지다

베나르 대류와 된장국 이론

알루미늄 냄비 밑에 규칙적인 "육각형 모양"이 많이 그려져 있는 것이 있습니다. 몇몇 국그릇도 그러한 형태가 있습니다. 이는 "베나르의 대류"라고 하는 현상 때문으로 그 육각형의 덩어리를 베나르 셀(Bénard cell)이라고 합니다.

대류의 근본원리는 따뜻한 물질은 위로 올라가고, 그에 반해 차가운 물질은 내려오는 것입니다. 그런데 대류는 효율이 좋게 움직여야만 하므로(모페르튀이의 최소작용의 원리) 몇 개의 작은 셀로 나뉩니다. 각각의 작은 블록이 서로서로 협력하므로 효율이 좋은 것입니다.

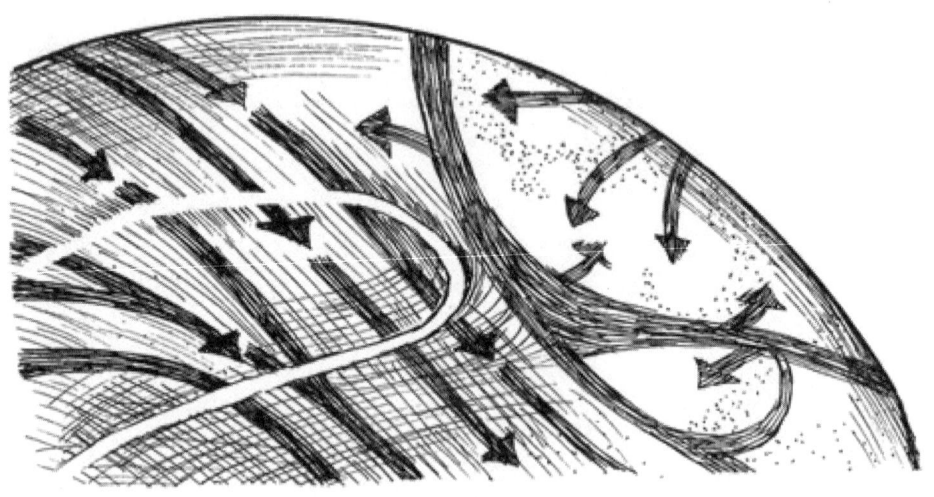

이 때문에 냄비 밑에는 열의 대류를 좋게 하는 육각형 모양이 있고, 된장국 그릇에도 그런 모양이 나타납니다. 지구의 대기 순환도 베나르의 대류에 의한 것입니다.

자연계가 보여 주는 좋은 효율을 배운다는 관점에서도 베나르 대류는 주목할 만합니다. 이것을 경영 원리에 적용해 시너지 효과 이론이 생긴 것입니다. 대류 현상은 유체의 법칙을 따르며, 미분방정식이 사용되므로 비즈니스의 세계에도 미분방정식이 활용된다고 볼 수 있습니다.

베나르 셀

■ 핼리(Edmund Halley, 1656 - 1742 영국)

　　뉴턴 하면 그의 역작 《프린키피아》가 떠오릅니다. 그런데 그의 글도 핼리가 없었다면 세상에 나오지 않았을 것이라고 말합니다. 그것은 책을 쓰기 싫어하는 뉴턴을 설득하여 어르고 달래서 책을 쓰게 하였고 출판비용까지 핼리가 부담했기 때문입니다.
　　더욱이 뉴턴의 운동원리를 1682년에 다가온 대형 혜성에 적용하고 "이 혜성의 궤도가 타원이며, 그 운동으로부터 추론하면 1758년에 다시 지구에 다가올 것이다."라고 예측했습니다. 핼리의 예언은 약간의 오차는 있었지만 적중했습니다. 이것이 핼리혜성입니다.
　　이 예언이 적중하면서 뉴턴의 물리학 및 미분적분학에 대한 평가는 더욱더 높아졌습니다. 유감스럽게도 핼리는 다시 돌아온 핼리혜성을 보지 못하고 세상을 떠났지만 그의 이름은 혜성의 이름으로 남아 불멸할 것입니다.

제 8 장
특이점이야말로 알짜다

태풍의 눈

바람, 그것은 지구의 각 점에 흩어진 벡터와 같은 것입니다. 즉 지구 표면에 미분방정식이 주어졌다고 생각할 수 있습니다.

그리고 바람은 기압이 높은 곳에서 낮은 곳으로 불지요. 따라서 기압이 낮은 곳에서는 상승기류가 생기고 구름이 발생하며 기후가 나쁩니다.

고기압의 중심이나 저기압의 중심에서는 바람이 불어 나가거나 불어들어오므로, 여기에서는 풍선도 그 자리에 머물게 됩니다. 이와 같은 점은 미분방정식으로 보면 특수한 점이므로 "부동점" 또는 "특이점"이라고 합니다. 이 특이점이 어떠한가를 분석하여 미분방정식의 형태를 알 수 있습니다.

태풍의 눈은 특이점 중에도 특히 주목할 만한 곳으로, 그에 대한 연구도 많이 진행되고 있습니다. 예를 들면 태풍은 거의 포물선과 같은 곡선을 그리며 나아갑니다. 그러나 기상청에 따르면 그 진로를 자세히 살펴봤을 때 그림과 같은 곡선으로 해석된다고 합니다. 그것은 구르는 차바퀴 위의 점이 그리는 트로코이드 곡선입니다.

이 형태로부터 태풍은 자전하면서 움직이며, 그 자전의 중심은 실은 태풍의 눈이 아니라는 것을 알 수 있습니다.

태풍의 눈과 같은 특별한 점을 "특이점"이라 한다.
이 점에서는 무풍상태!

사이클로이드 곡선

이것이 트로코이드곡선

태풍의 눈의 궤도

제8장 특이점이야말로 알짜다

태풍이 꾸물거리는 이유

태풍은 좀처럼 소멸하지 않습니다. 소멸되어도 저기압으로 남아 꾸물거립니다. 이것을 앞에서 설명한 미분방정식의 "특이점"의 견해에서 설명하겠습니다.

저기압이나 고기압 주위의 공기 흐름은 197쪽 그림과 같이 각각 (ㄱ), (ㄷ)의 상태입니다. 이 두 상태와 (ㄴ)의 형태일 때 특이점은 안정되어 있다고 합니다. 왜냐하면 이와 같은 바람의 상태이면 옆에서 바람이 불어 들어와도 조금은 흐트러지고 중심이 엇갈리곤 하지만 저기압은 저기압 그대로, 고기압은 고기압 그대로 남아 있기 때문입니다. 그렇지 않으면 저기압이나 고기압이 갑자기 소멸되거나 발생하여서 예상이 곤란해집니다.

그런데 공기가 동심원으로 흐르면 조금만 변화해도 (ㄱ)이나 (ㄷ)과 다르게 변형됩니다. 이와 같이 불안정한 모양을 구조 불안정이라고 합니다.

태풍은 (ㄱ)과 같은 구조안정의 모양을 하고 있으며, 그 기압의 차가 크기 때문에 좀처럼 없어지지 않습니다.

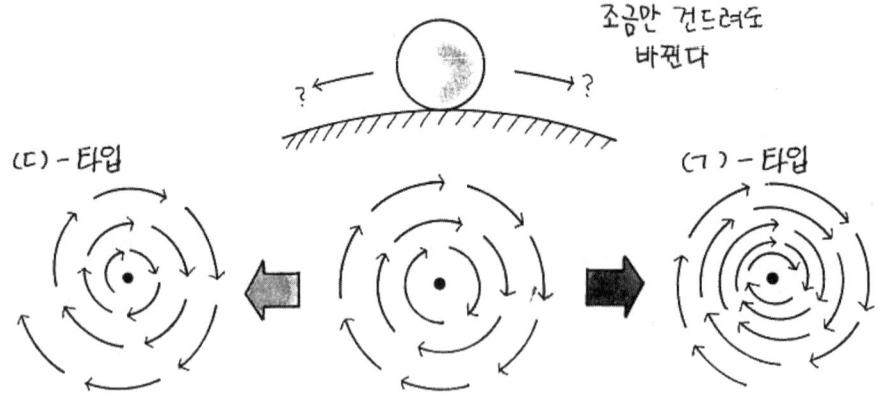

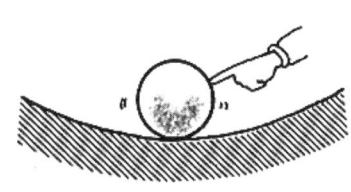

아래와 같은 형태의 바람의 흐름은
각 점에서 바람의 방향이
조금씩 변해도 기압의 중심은 그대로다.
바람의 흐름도 같은 형태 그대로.

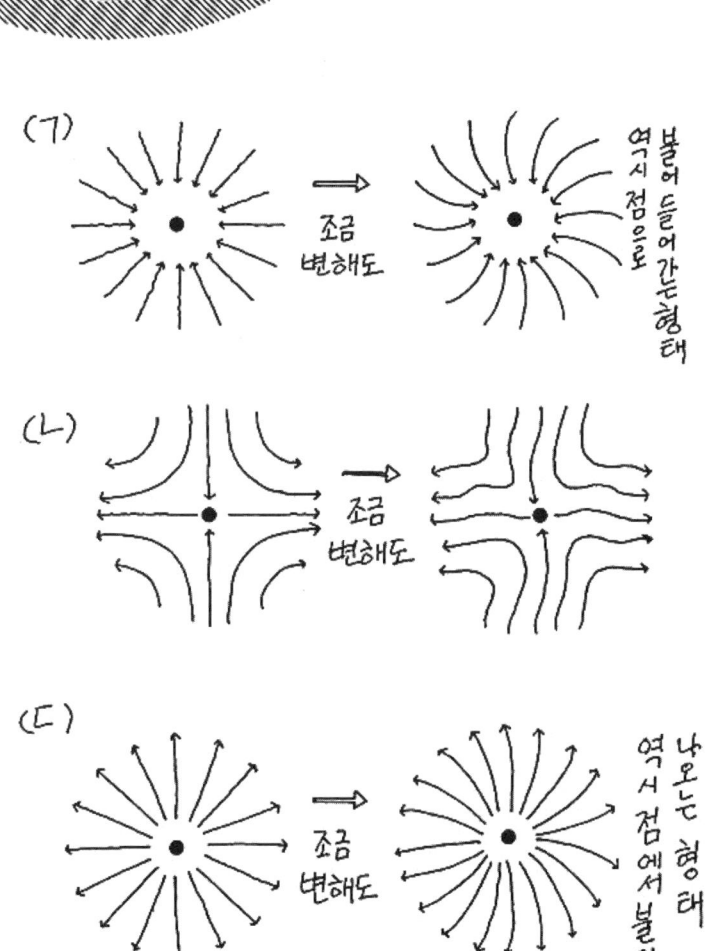

(ㄱ) 조금 변해도 → 역시 점으로 불어 들어간 형태

(ㄴ) 조금 변해도 →

(ㄷ) 조금 변해도 → 역시 점에서 불어 나오는 형태

제8장 특이점이야말로 알짜다 197

경영성공의 분기점

이 책에서는 미분·적분을 취급하고 있지만, 이 세상의 모든 함수가 매끄럽다든지 연속이라고는 말할 수 없습니다. 물론 연속이며 매끄러운 경우가 많은 것은 사실입니다.

그러나 그렇지 않은 경우, 즉 불연속인 점이나 매끄럽지 않은 점이야말로 오히려 중요한 점인 경우가 많습니다. 따라서 이와 같은 특별한 점에 주의해야 합니다. 이미 설명했듯이 다른 곳과 구별되는 특징이 있는 점을 특이점이라 합니다.

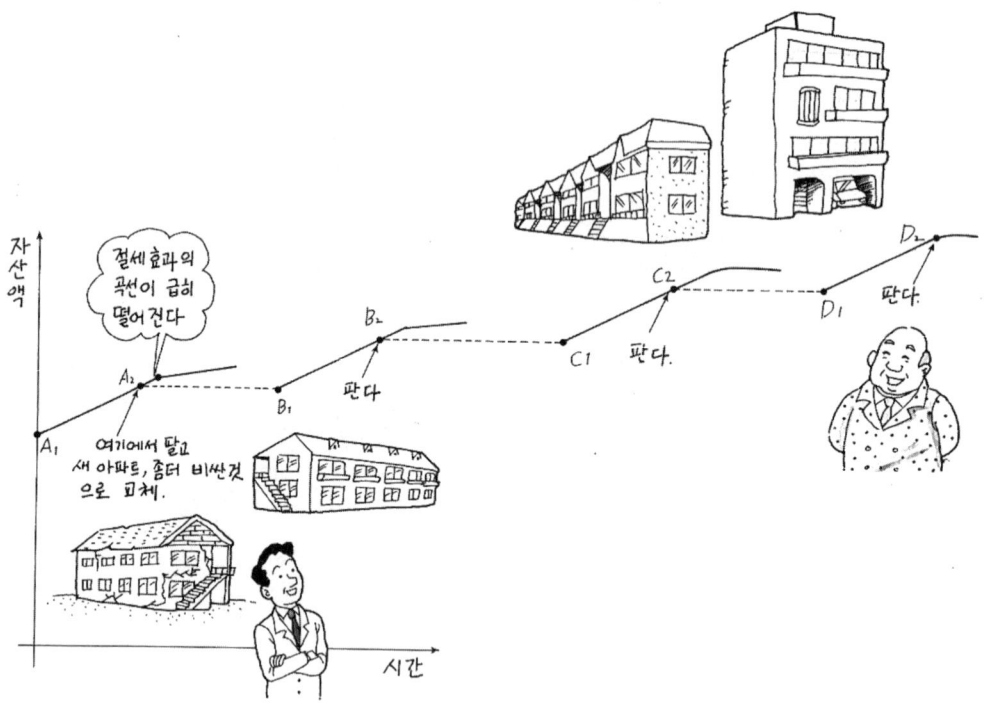

그림은 미국의 아파트 경영법 책에 있는 것입니다. 그 책에 따르면 아파트 경영에서 "투하자본 환원이율"은 최초의 몇 년간은 어느 정도 배분이 있는(기울기가 큰) 곡선입니다. 즉 최초에는 투자효과가 대단히 좋습니다.

그러나 절세 효과가 조금씩 줄어드는 것도 있고 해서 어느 곳에서 그 곡선이 가로축에 가까이 가게 됩니다. 즉 거기에서 꺾여서 매끄럽지 않은 특이점이 생기는 것입니다. 당신이라면 어떻게 하시겠습니까?

"그 점이 되기 직전에 팔아서 새로운 아파트를 손에 넣으라."고 지도서에는 쓰여 있습니다. 즉 특이점이 아파트 경영의 핵심이라고 말할 수 있습니다.

따라서 절세 효과의 곡선이 급히 떨어지기 전에 팔고, 그것으로 보다 큰 아파트를 경영하고, 그 아파트의 절세 효과가 떨어지기 시작할 때에 다시 팔아서 보다 크고 멋진 아파트를 짓고…. 이렇게 하면 부자가 되겠지만 앞장서서 하지 않으면 아무것도 되지 않을 것입니다.

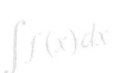

골프공의 비밀

골프 초보자는 골프공에 울퉁불퉁한 것이 있는 것보다 없는 것이 조금이라도 공기 저항을 작게 해 잘 날 수 있을 것이라고 생각합니다.

그런데 골프공에는 움푹 들어간 곳이 많이 있습니다. 이 들어간 것을 딤플이라고 하는데 왜 그런 딤플을 만들어 놓았을까요?

실은 "무늬가 없는 것이 잘 날 수 있을 것이다"는 직감은 틀린 것입니다. 딤플이 있는 것이 보다 멀리 날아갈 수 있습니다.

골프공의 딤플은 인위적으로 난기류를 증가시키고 임계속도의 점(특이점)을 빨리 만들어 저항을 감소시키고 비거리를 크게 한다.

이러한 의외의 결론이 나오는 것도 공기 저항과 공의 속도의 그래프에 특이점이 있기 때문입니다. 그 특이점은 이 경우 임계속도입니다. 기본적으로는 속도가 올라가면 공의 뒷부분에 난기류가 생겨서 공기저항이 커집니다. 그러나 난기류가 증가하면 공 주위에 난기류의 얇은 막이 생깁니다. 이 얇은 막이 이번에는 흐름과 공을 격리시켜 저항이 줄어듭니다. 그 분기점을 임계속도라고 합니다.

임계속도를 넘으면 급히 저항이 떨어짐에 주의하기 바랍니다. 여기에서의 그래프는 매끄럽지 않는 특이점이 됩니다.

딤플은 그 임계속도를 인위적으로 빠르게 함으로써 정확히 공의 속도 범위에서 공기 저항이 작아지도록 설정한 것입니다. 골프공의 설계에도 특이점의 발상이 사용되는 것입니다.

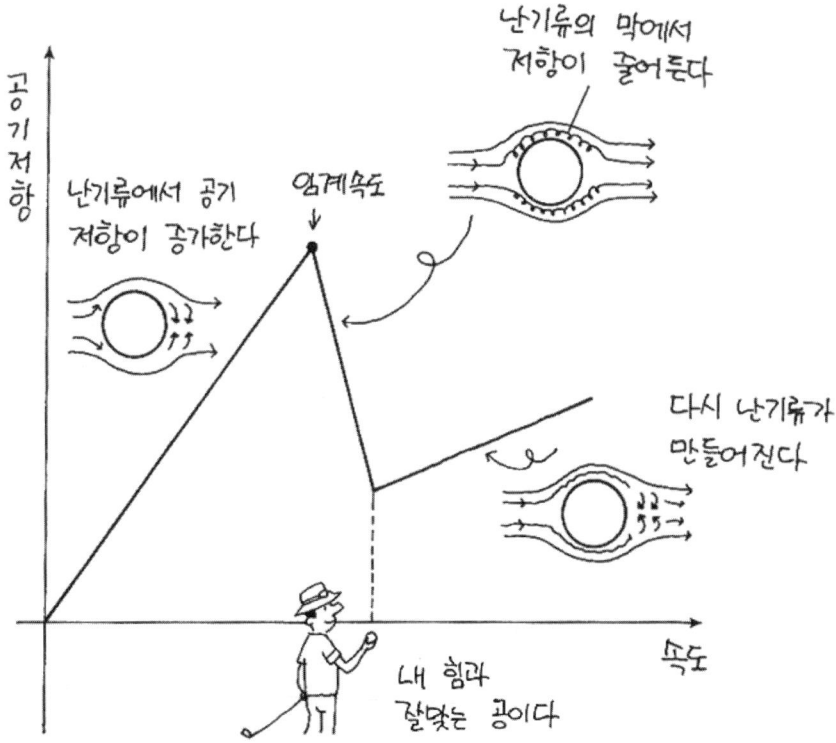

타이어 수학

골프공이 날아가는 거리는 우리 생명과는 큰 관계가 없지만 자동차의 경우에는 그렇게 말할 수 없습니다.

자동차의 타이어에는 그 타이어가 견뎌낼 수 있는 최고속도가 그림에서 보는 것 같이 기호로 새겨져 있습니다.

그러면 그 한계속도를 넘으면 어떻게 될까요?

먼저 생각할 수 있는 것으로서 타이어가 물결치듯 피게 되는 정지파 현상입니다. 그것이 계속되면 타이어가 터져서 굉장히 위험합니다.

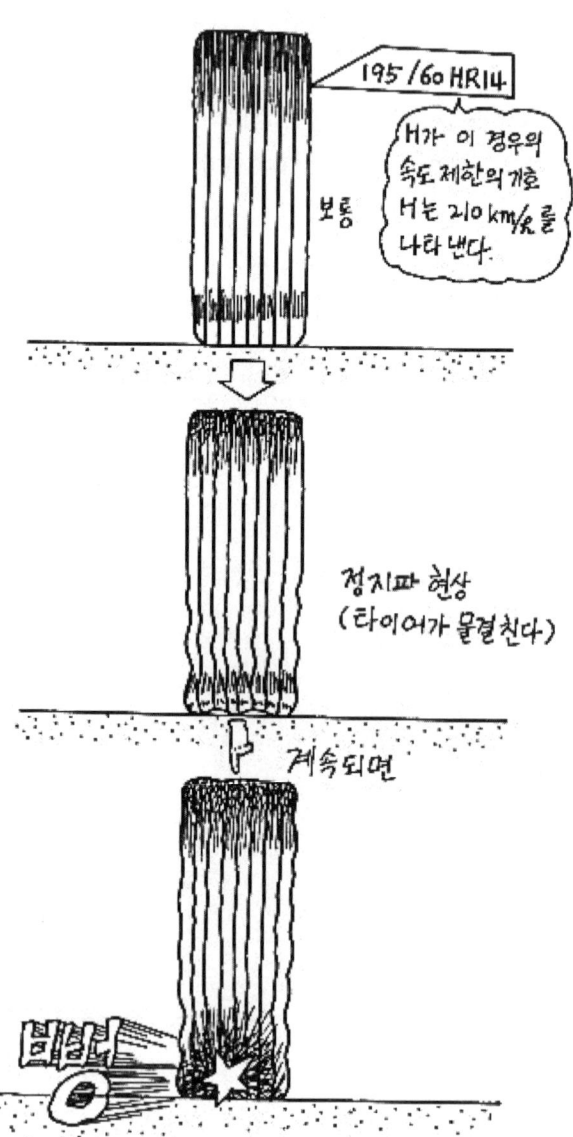

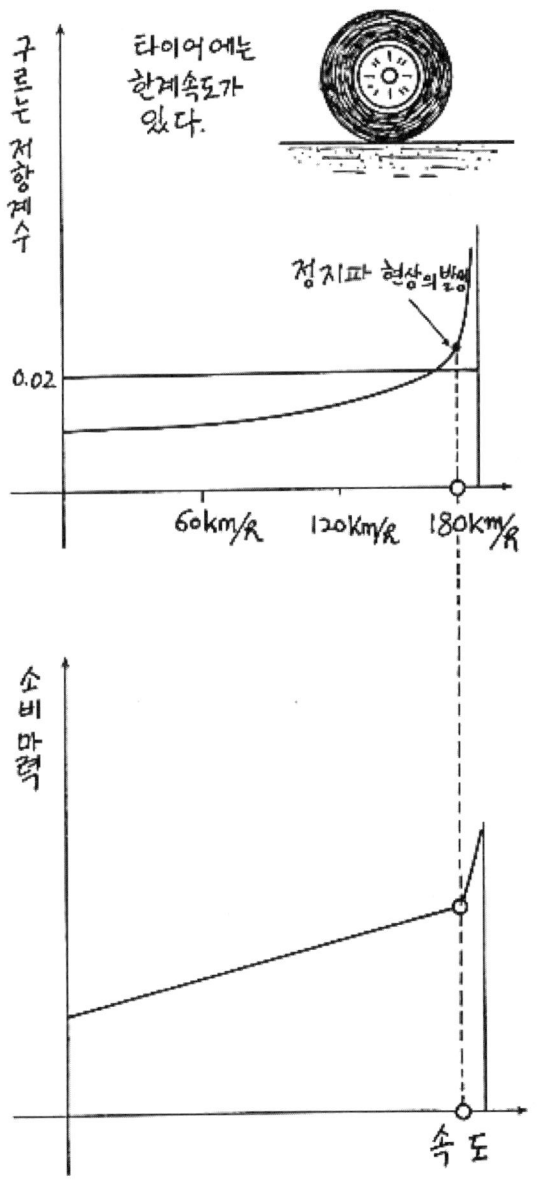

이것을 데이터에서 사전에 알 수 있는 것도 가능합니다. 그것은 정지파 현상 발생과 함께 구르는 저항계수와 소비마력이 급증하기 때문입니다.

즉 속도와 구르는 저항계수의 그래프, 또는 속도와 소비마력의 그래프 어느 것도 정지파 현상 발생점이 매끄럽지 않은 특이점으로 나타납니다. 따라서 그것들을 체크하는 기구만 준비하면 정지파가 일어나기 전에 운전자에게 경고할 수 있습니다.

프랙털은 자기닮음구조

 마지막으로, 조금 다른 도형을 생각해 보겠습니다. 그것은 프랙털이라는 것입니다. 지금까지 설명한 예에서는 미분이 불가능한 도형도 있었습니다만 그것은 "모퉁이"와 같이 곡선 중 제한된 일부분이었습니다.

 그러나 자연계에는 모든 점에서 접선을 그을 수 없는 곡선도 있습니다. 프랙털 곡선이 그 예입니다.

 프랙털 도형은 자기닮은꼴의 도형입니다. 따라서 프랙털 도형의 일부분을 확대하면 그 도형과 똑같은 모양의 도형이 나타납니다. 즉 원래 곡선을 얼마든지 확대해도 원래의 곡선과 같으므로 직선이 되지 않습니다. 따라서 프랙털 도형에는 접선은 그을 수 없습니다.

 그러면 프랙털은 미분·적분과 관계없느냐 하면 물론 그렇지는 않습니다. 난기류(유체역학의 분야)에서 볼 수 있듯이, 프랙털 도형은 미분·적분에서도 나옵니다. 그래서 그 분석에도 극한 등의 개념이 이용됩니다.

 그러면 "세상의 모든 것은 프랙털 도형과 같은 것으로서 사람들이 각각 자신의 사정에 좋도록 해석한 것에 지나지 않는다."고 과학 전반에 의문을 가지는 경향이 있지만 이것은 조금 틀린 이야기입니다. 확실히 자연계는 이상적인 모양이지는 않습니다. 그렇지만 지구의 표면이 울퉁불퉁해도 그것을 구로 취급하면 미분·적분을 이용하여 인공위성을 쏘아 올릴 수 있는 것은 이미 알고 있는 바입니다. "자신의 사정"이 아니고 "과학의 사정에 좋도록" 근사하는 것이 필요합니다.

제8장 특이점이야말로 알짜다

■ 코시(Augustin-Louis Cauchy, 1789 - 1857, 프랑스)

　극한에 대한 기초이론을 완성하고, 미분적분학을 수학적으로 엄밀한 형태로 만든 사람이 코시입니다. 그는 논문을 길게 썼기 때문에 학사원이 "4페이지 이상의 논문 게재는 사양합니다."라고 정했을 정도라고 합니다.
　그러나 수학사에 남은 큰일이 있습니다. 코시는 자신의 논문을 열심히 발표하여, 거기에 상응하는 권위가 있었기 때문에 젊은 수학자 아벨이나 갈루아 등은 그에게 보이기 위하여 방정식에 관한 훌륭한 논문을 보냈습니다. 그런데 코시는 그것을 분실하였습니다. 이때 능력을 제대로 인정받지 못한 것이 갈루아의 인생에 영향을 미쳐, 이 21세의 천재를 결투로 죽게 하는 동기가 되었을지 모릅니다.

E DE WAKARU BIBUN TO SEKIBUN
by Tsuneharu Okabe

Copyright © 1989 by Tsuneharu Okabe
All rights reserved
First Published in Japan in 1989 by Nippon Jitsugyo Publishing Co., Ltd.

Translation copyright © 2018 by KYUNG MOON SA

Korean translation rights arranged with Tsuneharu Okabe
through Japan Foreign-Rights Centre/Shinwon Agency Co.

이 책의 한국어판 저작권은 신원에이전시를 통한 저작권자와의 독점계약에 의해서
도서출판 경문사에 있습니다. 신저작권법에 의해 한국 내에서 보호를 받는 저작물이
므로 무단전재 및 복제를 금합니다.

지은이	오카베 츠네하루
옮긴이	김병학
펴낸이	조경희
펴낸곳	경문사
펴낸날	2018년 3월 5일 1판 1쇄
	2020년 9월 1일 1판 2쇄
등 록	1979년 11월 9일 제1979-000023호
주 소	04057, 서울특별시 마포구 와우산로 174
전 화	(02)332-2004 팩스 (02)336-5193
이메일	kyungmoon@kyungmoon.com
	facebook.com/kyungmoonsa

값 13,000원

ISBN 979-11-6073-049-4

★ 경문사 홈페이지에 오시면 즐거운 일이 생깁니다.
 http://www.kyungmoon.com

한국과학기술출판협회 회원사